调查与研究中的
数据收集

王宁　柯惠新　编著

中国统计出版社
China Statistics Press

图书在版编目(CIP)数据

调查与研究中的数据收集 / 王宁，柯惠新编著. ——
北京：中国统计出版社，2021.6

ISBN 978－7－5037－9496－4

Ⅰ．①调… Ⅱ．①王… ②柯… Ⅲ．①数据收集
Ⅳ．①TP274

中国版本图书馆 CIP 数据核字(2021)第 104388 号

调查与研究中的数据收集

作　　者/王　宁　柯惠新
责任编辑/罗　　浩
执行编辑/熊丹书
封面设计/李雪燕
出版发行/中国统计出版社有限公司
通信地址/北京市丰台区西三环南路甲 6 号　邮政编码/100073
电　　话/邮购(010)63376909　书店(010)68783171
网　　址/http://www.zgtjcbs.com
印　　刷/河北鑫兆源印刷有限公司
经　　销/新华书店
开　　本/710×1000mm　1/16
字　　数/216 千字
印　　张/12.5
版　　别/2021 年 6 月第 1 版
版　　次/2021 年 6 月第 1 次印刷
定　　价/58.00 元

前　言

我们教授了研究方法这么多年,每次上这门必修课的第一堂课时,都会忍俊不禁地看到一班如临大敌、准备好用洪荒之力来攻克这门以艰深闻名的课程的同学们。其实,研究方法是一门有趣又有用的学科,毋需用视死如归的勇气和九牛二虎之力才能掌握。我们写这本书的初衷,就是想通过生动有趣的例子和深入浅出的表达,帮助非统计学专业的学子和更多的普罗大众们了解研究方法。

为什么要让大家理解研究方法,特别是了解数据收集的过程呢? 不容否认的是,这个世界的确是变得越来越数据化或者说数据驱动了。无论是公共政策的制定,还是对消费市场的理解,甚至是个人关于投资和健康等各方面的决定,都越来越需要以数据为基础来达成了。如何充分利用数据来做出明智的判断和决定,已经成为一种基本的读写能力,我们称之为数据读写能力。而建立起这种读写能力的其中一个基本通路,就是了解数据究竟是怎么来的,或者说,有效而可靠的数据应该是怎么来的。这就是为什么我们要向大家介绍科学研究中严谨的数据收集过程。

这本书主要分成三个部分:第一部分会介绍数据收集乃至科学研究的基本概念,为后来的内容打好基础。这一部分分为两章进行,在第一章,我们想要为大家铺开科学研究的一张大地图,让大家了解科学研究最核心的理念和特点,以及数据收集在研究的整个大疆域中扮演的角色。第二章则穿越时空,把数据收集放到文献与知识积累的时间长河中来探讨。

接下来在本书的第二部分,我们会再进一步讨论如何构建一个具体的研究项目,从而为之展开数据收集。这一部分我们也会分为两章进行。在第三章中,我们将讨论研究中核心概念的定义和测量。虽然测量无处不在(比如用考试成绩测量"学习成效"),但是人们常常忽略测量这个人为的过程,想当然地把一个具体的测量结果等同于它所指代的抽象概念(比如将考试成绩等同于"学习成效")。所以,在第三章我们会抽丝剥茧地解释测量这件事,让读者不但能为自己想做的数据收集建立合适的测量过程,还能够拥有一个评价体系来系统地评判每个测量的优劣。接下来在第四章中,我们讨论如何抽取调查对象,也就是抽样的问题。当我们想要了解某个群体的观点和看法时，我们常常无法采访这个群体中的每一个人，而是需要抽取其中一些人来调查。如何才能让我们抽取的一部分人很好地"代表"目标群体的所有人呢？抽样的过程里实在是大有文章，我们会在第四章里为你娓娓道来。

最后在第三部分，我们进行对三种具体的数据收集方法的介绍和讨论。首先，在第五章我们讨论人们最常接触也因此最熟悉的一种数据收集方法：问卷调查。除了介绍研究设计的基本原则和流程，我们更会列出其中的典型错误，并传授避免错漏的秘诀。但是，即便是设计再严谨的问卷调查，仍然不可能非常好地解决因果关系的难题。例如如果我们通过问卷调查，发现婴儿时期听莫扎特音乐的学龄儿童智力发展水平的确更高、学业成绩也更好，这能说明一种因果关系，即莫扎特音乐对这些儿童的智力发展起到了促进作用么？其实，我们不能。为什么？在这里我们先卖个关子，请仔细阅读第六章，你一定会找到想要的答案。在第六章里，我们会介绍最擅长测试因果关系的数据收集方法：实验。实验这种方法是如何建立因果关系的呢？它的不足又是什么呢？在这一章里，我们会跟你一起揭开这种虽不太常用，但其实超级有用的方法的神秘面纱。你猜怎么着？实验其实并不那么遥远，我们甚至可以把实验设计融合到问卷调查里呢！接下来，在第七章，我们会讨论内容分析这种数据收集方法，在这里，研究的对象不再是人，而是人所创作或接触的媒体内容。我们首先介绍更适用于研究传统媒体（如电视、报纸、杂志）的内容分析基本流程，接下来更进一步讨论一些针对新媒体的内容分析方法。

本书的最后一章想要简单聊一聊时下正热的话题——大数据。首先我们会为你列举利用大数据来进行内容分析、实验和问卷调查的例子；接下来，我们想基于本书中讨论的研究设计的一些基本理念，来和你一起思考大数据的优势和局限；除此以外，这一章中还会介绍一些好用的二手数据资源：除了自己收集高质量的数据，我们也可以分析其他人、其他机构收集的高质量数据。

以上就是我们写这本书的初衷和本书内容的大致介绍。怎么样，吸引你么？想要开始阅读了么？在开始之前，我们要特别向大家介绍本书的一个特点，那就是问答式的写作：本书的行文中贯穿着很多的问题请读者思考，也留出了空白请读者填写思考的成果。看到这些问题时，请尽量不要急着往下读，请一定给自己一点时间思考并写下你的答案。答案对错不重要，重要的是，如果你在认真思考后再阅读针对有关问题的答案和讨论，你对有关知识的理解会深入得多。如果你认同学习数据收集和研究方法不是为了应付考试，而是为了让自己真正拥有数据读写的能力，在工作和生活中利用数据来做出明智的判断和决定，那么，请一定尝试我们推荐的阅读方法,在书内问答题的引导下,一边积极地思考,一边认真地和我们对话。这样,你就更能融会贯通,自然地让书中所有的知识成为你思维体系的一部分。

本书是作者王宁和柯惠新分别在香港浸会大学、香港城市大学以及中国传媒大学所开设的"传播研究方法"课程讲义的基础上完成的。写作期间,我们得到了学界和业界不少老师和专家们的支持和启发,这些我们都在文中逐一引注了,在此再次表达我们衷心的谢意。本书的作者之一王宁在香港浸会大学读博期间,曾经向郭中实教授和马成龙教授学习传播研究方法;写作期间又参加了香港城市大学祝建华教授负责的互联网挖掘实验室所主办的计算传播研究工作坊(CCR),书中的很多思想和理念得益于他们的教导,在此一并表示衷心的感谢。最后,我们还要特别感谢中国统计出版社的叶植材社长、罗浩主任和本书的编辑熊丹书老师,还有更多统计出版社的幕后工作人员为本书付出的辛劳。

限于我们的水平,书中肯定存在不少缺点和疏漏,恳请广大读者多提宝贵意见。

作者

王宁　柯惠新

目　　录

第一部分
基本概念

第1章　社会科学研究与数据收集

本书讨论的主题,是社会科学研究中的数据收集。在第一章里,让我们先一起看一幅社会科学研究的大地图,定位并了解数据收集在整个研究过程中的角色和作用。然后我们会将镜头稍稍拉近,让你一览数据收集的各个疆域,准备好了么,跟我们一起去依次探访和了解其间各有特色的小部落吧。

1.1　什么是社会科学研究

宇航员 Howard 的例子

首先,让我们来欣赏电视剧集《生活大爆炸》(The Big Bang Theory)中的一个小片段①。在漫画店里,刚刚做了一把宇航员、从太空站回来的 Howard 送给漫画店老板 Stuart 一个太空纪念品。Stuart 惊喜地打开一看,里面竟然是 Howard 穿着宇航服的大幅相片,上面写着:"你的漫画店就像相片上的这个人一样,非同凡响②!"在此之前,Howard 还送了类似的礼物给自己经常光顾的洗衣店和药房。

接下来,大家热烈地讨论起了即将到来的万圣节派对。Howard 赶紧又抓住机会插嘴,抱怨说自己飞往太空的前一晚过得有多的无聊,一点派对的感觉都没有。

Howard 的好朋友 Leonard 把这一切都看在眼里,他压低声音对他们的另一个好朋友 Sheldon 说:"你注意到了么? 任何话题都能被 Howard 用来炫耀自己上过太空这回事儿。"

---

①　来自《生活大爆炸》第六季第五集。

②　Howard 在祝辞中的英文原文是 "out of this world",一方面是夸赞 Stuart 的漫画店出色,又带出自己曾经离开地球飞向太空的经历。

好，请允许我们在这里按一下暂停键。

在继续播放这个片段之前，让我们一起来想一想自己曾经有过类似的经历么？通过观察和分析身边的人和事而得出一些结论？只要回顾最近的一两天，相信你已经能够想到一些例子了吧？小强上课为什么老是迟到？昨天约小英吃饭她为什么说没空？

很多时候，我们如此快速、如此不假思索地为这些问题给出了答案，但对得出答案的过程却浑然不觉。比如，小强上课迟到是因为他不认真学习；我没约到小英是因为她不喜欢我。但其实有没有其他的可能性呢？我们得到的这个答案一定是正确的吗？

社会科学研究者的看法是，要想得到正确的答案，需要依靠科学的探索过程。

在上面的片段里，我们的主人公 Leonard 和 Sheldon 也已经通过对 Howard 的仔细观察，得到了一个貌似合情合理的结论：据观察，Howard 爱抓住一切机会炫耀自己去过太空，这件事儿到此是不是已经可以盖棺定论了呢？

答案是否定的。

因为，谈话的不是别人，而是两个（可爱绝伦的）科学狂热分子：加州理工大学的实验物理学家 Leonard 和理论物理学家 Sheldon。对这两个人来说，所有的问题都应该用科学的方法来解决，而"Howard 究竟是不是会抓住一切话题来炫耀自己的太空之旅"这个问题，也不例外。

好吧，你现在是不是已经开始感到好奇了？在科学的世界里，探索的过程是怎样运作的呢？Leonard 和 Sheldon 接下来会怎么做呢？

抱歉打了这么久的岔，现在让我们继续播放刚才的片段。

听到 Leonard 的发现后，Sheldon 点点头看着不远处的 Howard 说："这真是一个有趣的**假设**，让我们来用科学的方法验证它。来，做个实验吧。"

Leonard 点头表示同意，（注意：实验开始了）然后对 Howard 喊了一声："嗨，Howard，今儿晚上想去哪儿吃饭啊？"Howard 转过头笑笑说，"哪儿都成，就是别再让我去太空站吃了，那儿的饭啊……（此处跳过牢骚 n 个字）当然啦，"Howard 最后一脸春风得意地总结道，"人们去太空，为的不是享受美食，而是欣赏风景。"

Sheldon 和 Leonard 望着对方会心一笑，Howard 果然把这个话题也扯到了太空上。"真神奇，"Sheldon 压低声音对 Leonard 说，"让我们来看看我能不能**重复验证**这个结果。"

接着他提高声量，对着不远处正在翻看漫画书的 Howard 发问："Howard，我一直都觉得人们低估了柠檬这种水果，你对此有何高见么？"大概这个问题实在太无厘头了，Howard 的第一反应是"嗯，没想法。"但反应敏捷的他几秒钟后又补充道："不过你知道吗？有人笑话太空舱看起来就像颗柠檬，这颗'柠檬'可是带我飞上太空又平安返航的哟！"说完他还很得意地指了指天空的方向。Sheldon 和 Leonard 击掌庆祝他们的假设再次得到了实验数据的支持——Howard 果然把这个话题也扯到了太空上。

社会科学研究的流程

上面的小片段以幽默的手法，展现了两个可爱的科学狂热分子如何见缝插针地在生活中运用他们的科学思维。莞尔一笑之后，让我们一起来琢磨琢磨，在这个例子里，科学达人和普通人的做法究竟有什么不同呢？

➤ 首先，也是最重要的一点，当 Leonard 提出一个看法时，他和 Sheldon 只是把这个看法当作一个（需要检验的）研究假设，而不是结论。

➤ 接下来，Sheldon 建议做个实验来检验这个假设。这是社会科学研究中的一个重要的观点：既然我们提出的是假设，而不是结论，那么这个假设自然要通过一定的考验才能够上升成为结论。什么样的考验呢？我们需要用科学的方法去收集数据，进而通过数据分析来考察我们的假设是否得到数据的支持。在这个过程里，我们是在考验或者说是在检验（test），而非证明（prove）一个假设。特别需要强调的是，科学研究中提出的理论一定是可以被证伪（falsified），也就是被证明是错[1]，这取决于收集上来的数据是否支持我们的假设。一个研究假设可能得到数据支持，也可能得不到数据支持，而这两种结果都是有意义的[2]。

---

[1]　这里涉及科学研究或者科学思维的核心特征，感兴趣的读者可以参考本章的延伸阅读（Stanovich，2013）。

[2]　虽然两种研究结果都是有意义的，但相对于那些没有得到数据支持的研究假设，被数据所支持的研究假设更可能被发表和关注。由于前者常常被冷落，扔到箱子底积灰，学界称这个问题为压箱底文件问题（file drawer problem，也翻作"发表偏倚"或"抽屉问题"）。压箱底文件问题之所以值得警醒，是因为它可能会造成认识上的偏差。从研究方法的角度看，只要是运用了科学的研究方法得出的结果，无论它是显著的（研究假设得到支持）还是非显著的（研究假设没能得到支持），都是正确的结果，都该得到承认。而忽视不显著的结果，则可能导致我们高估了被研究概念之间的关系。比如，在研究"莫扎特的音乐"与"婴儿的智商发展"这两者关系的众多文章中，得到显著结果的更可能被发表，获得学界和大众的关注。而没有得到显著结果的研究则更可能被忽略。因此，人们对莫扎特的音乐是否能够促进婴儿智商的认知，就可能超过了这两者关系的实际强度。

➤ 然后，Leonard 做了第一个实验，他给出了一个话题，考察 Howard 对这个话题的反应。Howard 的反应，也就是这个实验收集到的数据，支持了这个假设。

➤ 最后，Sheldon 尝试重复验证（replicate）Leonard 的结果，做了第二个实验，给出了第二个话题，并观察 Howard 对这个话题的反应，收集到的数据仍然支持了最初的假设。重复验证也是社会科学研究里面一个很重要的理念，一个研究结果一旦发表，就等于开放供整个科学共同体进行验证，有时候研究者会对自己的研究结果提出修正和改进，有时候是其他研究者来做这个工作。无论如何，这个可公开验证（publicly verifiable）的性质，保证了科学共同体有自我纠错（self-correcting）的功能，也就是说，前人的偏误会得到后人及时的纠正，而不会被无条件地传承下去[1]。它和我们上面提到的"检验（而非证明）假设"一样，也是社会科学研究的核心性质之一。

其实，跟普通人的观察与思考一样，社会科学研究也希望可以帮助人们更多地了解自己、了解别人、了解社会生活的方方面面。区别在于它所采用的是更为科学和系统的方法。虽然 Leonard 和 Sheldon 的闲聊并不是一个典型的社会科学研究，但是它的思路、流程和基本元素也颇抓住了社会科学研究的精髓。请看下面的图 1.1。

关于这个流程，有一点我们需要特别说明：因为本书的核心目的是讨论定量的数据收集方法，因此这里对社会科学研究的讨论主要限于定量的实证研究[2]。

在社会科学研究中，我们首先要选择一个我们想要探讨的领域或者题目。选择什么研究领域，很大程度上是我们的个人兴趣决定的。人类的社会生活是如此的有趣，以至于你从中能够找到的值得探索的题目真是不胜枚举。

你想了解人们的投资心理吗？想知道为什么有的股民在自己的股票有一点点盈利时就急于套现，在赔了很多钱的时候却仍不愿意斩仓呢？

---

[1] 第 2 章会对科学共同体这个话题有更多的讨论。

[2] 定量的社会科学研究有一个假定的前提，即研究者和研究对象之间的关系是互相独立的，研究对象相对于研究者，是一个外在的、客观的、有待认识的存在。而对定性社会科学研究而言，研究对象不是一个独立的外在，相反地，研究者和研究对象需要在互动的过程中共同建构对研究问题的互为主观的（intersubjective）诠释。对定量的实证研究来说，不同的学者研究同一个研究问题，应该得到完全一致的结论，研究者本身的因素，比如价值判断、主观诠释等在研究过程中的影响应该尽可能的降低。而定性研究则承认研究者的生活背景、价值和信念等在研究过程中扮演着不可或缺的角色，为研究问题提供独特的洞见。关于两者区别的讨论我们在这里只能点到为止，有兴趣进一步了解定性研究的朋友可参考由 Denzin 与 Lincoln（2011）共同编写的《定性研究手册（第四版）》"The Sage Handbook of Qualitative Research"（4th ed.），详细的书目信息请见本章结尾的"参考书目"一栏。

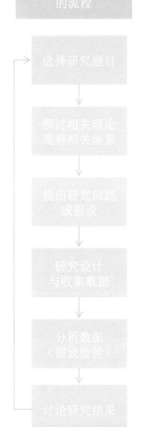

社会科学研究的流程	Leonard和Sheldon关于Howard的"研究"
选择研究题目	Howard是不是爱炫耀
探讨相关理论观察相关现象	观察Howard的言行举止
提出研究问题或假设	Leonard提出研究假设："Howard会把任何话题都用来炫耀自己的太空之旅"
研究设计与收集数据	Leonard和Sheldon各自做了一个实验：提出一个话题，并观察Howard的反应
分析数据（假设检验）	两个实验得到的数据都支持了Leonard提出的研究假设
讨论研究结果	通常这里会探讨研究结果在理论建构和实践指导上的价值，研究的局限等。这个故事里，在大家的帮助下，Howard最后终于停止了炫耀。

图 1.1　社会科学研究的流程

你想知道恐惧背后的推理（或者说非理性）过程吗？为什么明明从统计数据上来看，坐汽车的事故率比坐飞机的要高得多，但人们坐飞机的时候却更为紧张焦虑，更为担心自己的安全呢？

你好奇为什么人们会好了伤疤忘了疼吗？人对疼痛的记忆究竟是怎样形成的呢？人们的记忆和实际体验的关系是怎样的呢？

你对爱情怎么看呢？你觉得，性格差异大还是性格相似的两个人更容易互相吸引呢？男性和女性相比，谁会更快地坠入爱河呢？

有趣的、值得我们去探索的研究领域实在是太多了，我们可以你一言我一语的一直从早上起床列举到太阳下山也说不完。不过篇幅有限,我们暂时还是言归正传,继续我们对研究方法的讨论吧。如果你对以上我们列举的这些问题感兴趣,好消息是下一章我们就会详细介绍寻找相关研究成果的办法。

在确定了研究领域之后,我们需要进一步提出更为具体的研究问题(Research Question,简称 RQ)或者研究假设(Research Hypothesis,简称 H)。针对我们研究中的特定概念和概念之间的关系,我们可以提出研究问题,也可以提出研究假设。区别在于,研究假设常用肯定式的语句,针对变量或者变量之间的关系作出预测;而研究问题则常用疑问式的句子,针对变量之间的关系或者变量本身提出问题。

举个例子,小霞希望研究某种新的教学方法 A 对学生学习效果的影响。经过搜索相关文献(具体做法见第 2 章),发现有关的研究还比较少,结论不够清晰,于是,提出了以下的研究问题:

RQ1:教学方法 A 对学生学习效果的影响是怎样的?

几年后,小明也接触到了这种教学方法,也希望通过实证研究来探讨它的效果。这个时候,有关的研究文献已经丰富多了,所以,以这些过往的研究为基础,小明提出了以下的研究假设:

H1:教学方法 A 对学生的学习效果有促进作用。

与小霞的研究问题相比,小明的研究假设并不只是单纯地提出疑问,而是推测两者的关系是否存在、究竟是正向的还是负向的。从这个例子我们看到,针对一对具体的关系,究竟是提出疑问还是发展出推测即研究假设,取决于我们对相关研究和理论的梳理和理解,具体的过程和做法我们在下一章会深入讨论。

在提出研究问题或研究假设后,小明和小霞就可以着手收集有关的数据了。接下来,他们会分析收集上来的数据,小霞可以用数据回答自己的研究问题,而小明则可以用数据来检验自己的推测(即研究假设)究竟是否成立(见图 1.2)。

最后,研究者会对研究结果进行讨论,探讨它可能的局限性、它对理论研究的贡献以及对实践的指导意义,并且对下一步的研究方向提出建议。到此,一个研究项目就算完成了。

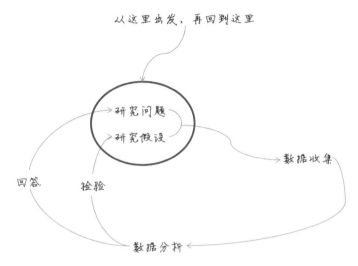

图 1.2　研究问题/假设与研究流程

停一停,想一想

　　我们看到,在选择了感兴趣的领域之后,研究者需要就这个领域提出自己的研究问题或者研究假设。你也一定有自己感兴趣的领域吧?现在就对这个领域提出一个问题或者假设吧。不用拘泥形式也不用担心它是否具有操作性。在这里,你只需要提出一个你"真正感兴趣"的问题或者假设。快,拿出纸和笔,把你脑海中的问题或假设写下来吧。

_____

_____

_____

　　下面我们要进一步跟你讨论研究问题和研究假设。等读完了下面的部分,我们会邀请你重新回来琢磨这里写下的内容,看看你会不会想要修改它,或者对它有新的认识。

1.2　研究问题和研究假设

　　在一个研究中,研究问题和研究假设就像是起跑线,扮演着至关重要的核心角色。在这一节中,让我们进一步系统地来了解它们。

研究问题

　　研究问题,顾名思义就是我们针对研究对象所提出的问题。我们提出的问题,既可以是尝试了解一个事物、行为或者事件等的现状;也可以是尝试探讨两个或者多个事物之间的关系。我们将前一种研究问题叫作描述性(descriptive)的研究问题,而后一种研究问题叫作分析性(analytical)的研究问题。

　　这两类研究问题的区分,对数据收集的操作而言是至关重要的。为了回答描述性的问题,我们需要收集关于一个变量的数据;而为了回答分析性的研究问题,我们则需要收集关于两个或者多个变量的数据。

　　比如下面的这个研究问题就涉及两个变量:社交媒体使用和生活满意度。换句话说,为了回答这个分析性研究问题,我们需要收集关于这两个变量的数据。

　　而以下这个研究问题,则只涉及一个变量,它就是我们所说的描述性研究问题。

　　看起来很简单,对不对? 而有趣的是,我们并不总能轻而易举地把研究中涉及的变量从研究问题中分解出来。说到这里你可能感觉有点诧异,让我们来一起看一个案例吧。

　　假设小新想要考察学校书店里教科书的价格,经过思考,他提出了两个研究问题,分别是下面列出的 RQ1 和 RQ2。

RQ1:在学校书店里,价格高于 50 元人民币的教科书有多普遍?

　　这个研究问题是描述性的,还是分析性的呢? 或者换一个问法,为了回答这个问题,我们需要考察一个还是两个变量呢? 这个(或者这些)变量分别是什么呢? 在我们继续往下讨论之前,请你先把你对这个问题的答案写下来。请尽量不要跳过这个步骤直接看后面的讨论,相信我们,如果你经过思考,得到自己的答案之后再参与后面的讨论,你会得到更多的收益。

停一停，想一想

以下研究问题是描述性的还是分析性的？

RQ1：在学校书店里，价格高于 50 元人民币的教科书有多普遍？

☐　描述性

☐　分析性

研究问题中涉及的所有变量：＿＿＿＿＿＿＿＿＿＿＿＿＿＿＿＿＿＿

RQ2：在学校书店里，哪一个学科的书籍最昂贵？

也请你把自己的关于这个问题的分析写在下面的相应位置。

停一停，想一想

以下研究问题是描述性的还是分析性的？

RQ2：在学校书店里，哪一个学科的书籍最昂贵？

☐　描述性

☐　分析性

研究问题中涉及的所有变量：＿＿＿＿＿＿＿＿＿＿＿＿＿＿＿＿＿＿

好，相信你已经就这两个研究问题究竟是描述性还是分析性问题给出了自己的答案。现在，让我们一起来分析讨论吧。你看这样好不好，就让我们想象自己来到了小新学校的书店，想要收集数据来回答小新的问题。

为了回答第一个研究问题："在学校书店里，价格高于 50 元人民币的教科书有多普遍？"我们需要收集什么信息呢？对，我们需要把所有教科书的价格列出来，这样我们就可以计算出价格高于 50 元的教科书在所有教科书中的比例。也就是说，我们需要收集有关"价格"这个变量的信息，然后简单统计一下价格的分布，就像这样（见图 1.3）：

我们看到，为了回答第一个问题，真正需要分析的变量只有一个，那就是书籍

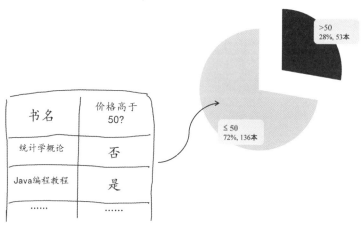

图 1.3 针对研究问题 1 的数据收集

的价格①。所以,小新的第一个研究问题是描述性的。

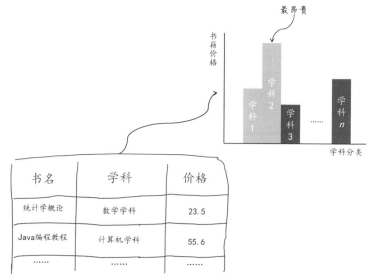

图 1.4 针对研究问题 2 的数据收集

———————————

① 你可能注意到除了价格,我们也记下了书名。为什么呢? 通常我们在收集数据的时候,会希望日后能够复查数据的准确性。如果在观看数据文件的时候,我们对一本书的价格有疑问,可以根据书名再去复查它的价格,看看是否当初有输入错误。这就像我们在把纸笔问卷上的回答输入电脑时,也常常会为每份问卷编号,然后在电脑数据里保留这些编号。这样,一旦我们发现哪份问卷的数据有可疑(比如有大量的缺失回答),总能根据问卷编号找到对应的纸笔问卷,这也许能够帮我们解决一些问题(比如发现缺失数据是因为输入员当初看漏了题目)。在后面章节中讲到具体的数据收集方法时,我们还会尽可能介绍更多在实际操作中发现的有帮助的小技巧。

现在让我们进入第二个问题："在学校书店里，哪个学科的书籍最昂贵？"为了回答这个问题，我们需要收集有关哪些变量的数据呢？我们是否需要分析两个甚至多个变量之间的关系呢？首先，我们需要知道每本书是属于哪个学科的。第二，还需要了解每本书的价格。通过对这两项信息的分析，我们就可以找到书籍最昂贵的学科，就像图 1.4。

看到这里，相信你已经知道答案了。对的，小新的第二个研究问题是分析性的，因为为了回答这个问题，我们需要收集关于两个变量（学科分类和书籍价格）的数据，并分析两者之间的关系。

研究假设

研究假设是关于研究对象的一个陈述。这个陈述通常是研究者在对相关的研究进行了翔实的考察之后，在前人已经得到的研究结论的基础上做出的新的开拓。怎样才能翔实考察前人的研究成果呢？我们会在第 2 章关于文献搜索的部分进行详细的探讨，这里就点到为止。让我们先具体地看看研究假设的类型和特点。

首先，研究假设中的陈述，既可以是有方向的（directional），对变量关系的正负有具体的预测；也可以是无方向的（non-directional）的，只预测变量关系的存在，却不预测关系的正负方向。比如下面的这两个假设，你能看出哪一个是有方向的，哪一个是无方向的么？

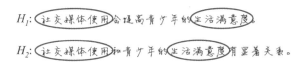

因果关系，自变量，因变量

当研究者明确了自己的研究问题（研究假设）之后，就要进入到下一个步骤，即收集数据来回答研究问题（检验研究假设）了。

讲到这里，你还记得在进入本节之前自己列出的研究问题或研究假设么？现在请翻回去看看它，这是一个研究问题还是研究假设呢？它是描述性的，还是分析性的呢？如果是研究假设，它是有方向还是无方向的呢？你可以从中清晰地找出所涉及的变量么[①]？换句话说，你现在知道，为了回答自己的研究问题或者检验

---

① 有些时候，研究假设里除了涉及自变量和因变量以外，还有其他类型的变量。我们在第 5 章第 1 节会详细讨论这个问题。

自己的研究假设,你需要收集关于哪个(些)变量的信息了么?

现在让我们再看看上面例子里的 H_1:"社交媒体使用"会提高青少年的"生活满意度",为了检验这个假设,我们需要寻找一些青少年[①],然后针对他们中的每个人收集这两方面的信息:他们的社交媒体使用和对生活的满意度,我们要看看那些更多使用社交媒体的青少年是否拥有更高的生活满意度。在这两方面的信息中,我们假设其中一个对另一个产生了影响,产生影响的因素称为自变量(independent variable),而被影响的因素称为因变量(dependent variable)。

停一停,想一想

以下研究假设中的自变量和因变量分别是什么[②]?

H₁:社交媒体使用会提高青少年的生活满意度

自变量:_____

因变量:_____

现在请再看看你的研究问题或者假设,自变量是什么? 因变量又是什么呢?

1.3 数据收集的疆域

当明确了研究问题或者研究假设,清楚地知道里面涉及的具体概念之后,我们就准备好进入本书的主题,数据收集的疆域了。我们的旅途会如何进行呢? 让我们一起先看看图 1.5 的这幅行程图吧。

我们的行程分为两大部分,所谓磨刀不费砍柴工,在进入"数据收集实战部落"之前,让我们先来探访一下"研究设计部落",了解一下其中的核心概念。

研究设计部落的第一站是"文献综述",这是一个非常低调却无比深邃的村落,它在研究设计和数据收集的过程中,扮演着不可或缺的角色。探访它,就像是在去一个神秘的岛屿探险之前,探访一个曾经去过那里的智者,让我们事先了解哪里有危险、哪条路线最安全而又有哪些宝藏尚待我们去发掘。因此,"文献综述"村是我们毋庸置疑不容错过的第一站。

接下来,我们就来到了"测量"村。这是一个人们经常匆匆路过、但却难得细

---

① 要怎样从所有青少年中选取一些青少年来收集数据呢? 这个问题我们在第 4 章的抽样部分会详细讨论。

② 在这个假设里,自变量是"社交媒体使用",因变量是"生活满意度"。这条假设是针对青少年群体提出的。

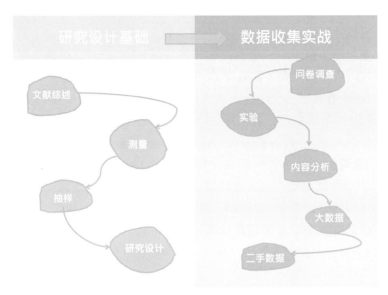

图1.5 本书行程图

细探访的村落。正如我们之前讨论的,每一个定量研究项目都需要测量其中的核心变量,以回答有关的研究问题或检验有关的研究假设。我们甚至可以说,每一天人们都在跟测量打交道,比如用男、女选项来代表人的性别;用IQ测试给出人的智商;用辣椒数量指示一个菜品的辣度;用米其林星级给餐厅打分……所有的这些都是测量。关于测量的最大危险,是人们常常忽视测量的过程,而直接把测量的结果和所测量的抽象概念画上等号。比如,很多人都直接把米其林三星作为顶级餐厅的标志,但其实又有多少人知道米其林餐厅的打分标准呢?这个标准考量了哪些指标?会不会有一些你在意的指标未在米其林的考量标准之列,或者有一些米其林的考量标准对你来说根本不重要?也许有,也许没有,但在采信一个测量结果之前,对测量标准的追问都是必需的。如何测量一个抽象的概念,这看似简单的动作背后潜伏着相当多的危险因素,因此颇需要仔细地思量。

再接下来,让我们探访一下"抽样"村。有时候,我们想要了解的只是一个人,比如一个我们心爱的人的想法;而在一个具体的研究项目中,我们常常想要了解的是一群人,比如一个创业者想要知道目标消费群体的需求,比如一个求职者想要知道应聘行业的要求,又比如一个学者想要了解大众舆论。在后一种情况下,人们常常没有条件去调查自己感兴趣的群体中的全部成员,而是需要从中抽取一些人来调查。怎样才能让抽取的这些人足以充分代表我们所感兴趣的那整个群体呢?这就是我们在"抽样"村会探寻和尝试回答的问题。

在探访了前三个村落之后，我们一路登高，来到研究设计部落的最后一个村子——"研究设计"村。这个村子建在一座高耸入云的山峰上，从这个村子我们可以俯瞰、规划和评估整个研究项目。在这里，我们会讨论研究规划和评估的两个最根本的维度：内在效度和外在效度①。有了对这两个维度的把握，对数据收集实战我们就更心中有数了。

在数据收集的实战部分，我们第一个会讨论的数据收集方法是问卷调查。你曾经回答过问卷么？去商场买东西，去饭馆吃饭，甚至连上个微博也可能遇到问卷调查。问卷调查可能是人们最常接触、最熟悉的一种数据收集方法了。在这里，除了关于问卷调查的经典方法和案例，我们也会讨论在新媒介（比如网络、智能手机）上进行问卷调查的注意事项。我们还会聊些有趣的研究发现，比如同样的问题，用电话调查和纸笔调查的结果可能会不同么？同样的问题，在晴天问和雨天问可能会得到不同的答案么？原来问卷调查比我们之前以为的更复杂，也更有趣！

问卷调查之后，我们接下来会讨论的是实验方法。这种数据收集方法和问卷调查有什么根本的不同呢？相信读完本书后你自己会有一个比较成熟的答案，现在如果简单透露一点内幕的话，我们会说，实验的方法可以帮助人们更真切地探究因果关系。举个例子，你想知道"听莫扎特音乐是否有助于婴儿的智力发展？"如果我们通过问卷调查，发现婴儿时期听莫扎特音乐的学龄儿童智力发展水平的确更高、学业成绩也更好，那么这能说明一种因果关系，即莫扎特音乐对这些儿童的智力发展起到了促进作用么？这个推测可能是对的，但除此以外，还有相当多其他我们难以完全排除的解释，比如会给孩子听莫扎特音乐的父母本身更关注孩子的教育，或者有更高的教育水平，或者有更高的智商。真正导致孩子们智力发展水平更高的，也许是这些因素，而不是莫扎特音乐本身。的确，因果关系的确定不是容易的事情，为了达到这个宏伟的目标，我们就需要用到实验的方法了。那么具体怎么做才好呢？你好奇吗？让我们一起去"实验方法"村看看吧，除了探寻基本的实验设计，我们甚至会聊聊怎样把实验设计融合到问卷调查里。期待么？让我们一起揭开这种超级有用、但却不怎么常用的方法的神秘面纱吧。

下一站，让我们一起去"内容分析"村吧。和前两种方法不同的是，在这里，我们的研究对象不再是"人"，而是"内容"。除了以传统媒体，比如电视、报纸内容为

---

① 为了方便大家理解，我们选择在第 6 章《实验》部分介绍"内在效度"和"外在效度"的概念。但是在实际的研究操作中，我们要在研究设计阶段就仔细考量自己的研究项目对内在和外在效度的要求，从而确定究竟哪种数据收集方法是更为适合当下的研究项目的。

研究对象的经典内容分析方法和案例,我们还会聊一聊新媒体上的内容分析,这就把我们带到了一个时下正热的话题——大数据。除了探讨一些有趣的案例和应用,我们还可以从研究设计的角度,再聊一聊其间可能出现的挑战和对策。

在旅程的尾声部分,我们希望给你们介绍一些现成可用的、高质量的二手数据来源,好奇的、热爱探索的你,会高兴收到这份告别礼物吗?

我们的旅程介绍完毕了,准备好了么? 我们现在就出发吧!

延伸阅读:

Stanovich K E. How to think straight about psychology[M]. 10th ed. Boston: Pearson,2013.(第二章和第三章)

关键词

检验(test)   研究假设(research hypothesis)

证明(prove)   描述性(descriptive)

证伪(falsify)   分析性(analytical)

重复验证(replicate)   有方向的(directional)

可公开验证(publicly verifiable) 无方向的(non-directional)

自我纠错(self-correcting)   自变量(independent variable)

研究问题(research question)   因变量(dependent variable)

思考题

是否有哪些研究者也曾对你在本章中列出的研究问题或者假设感兴趣? 他们是怎样回答有关研究问题或者检验有关假设的? 是否得到了一些有趣的结论? 你对以上这些问题好奇吗? 想想看,我们要怎样才能得到关于这些问题的答案? 下一章里,我们会跟你一起尝试回答这些问题,但是在翻到下一章之前,请自己先想想办法试试看。

第 2 章　学术文献的查找和应用

很久很久以前,有一个聪敏又刻苦的原始人小憨,为了研制出方便的交通工具,足不出户在家潜心钻研了长达十年之久,终于发明了轮子。殊不知隔壁村阿良 5 年前就发明了轮子,而山对面的阿华、小强等好多原始人又对阿良的设计做了改进。最终,小憨发现,如果他曾经花时间精力去了解其他原始人的工作,也许已经在他人的基础上发明了更先进的交通工具。但现在,他所有的努力都只是"重新发现了轮子"。数据收集乃至科学研究的整个过程也是如此,我们需要通过研读学术文献来了解他人的工作成果,只有这样,我们才能站在巨人的肩膀上看得更高、更远,避免"重新发现轮子"的悲剧。

2.1　研究文献哪里找

研究文献和藏宝图

说到文献对做研究的重要性,那真是怎么强调都不为过。有智者曾经说过:太阳底下没有新鲜事。这句话放在研究的问题上,还真是挺贴切的。为什么这样讲? 可以说,对于任何我们感兴趣的东西,前人多多少少都已经做了一些研究,古今中外那么多的研究者,多的就像天上的星星,当中总会有一些和我们有相似的兴趣、提出类似的问题。不妨看看他们已经发现了什么,有没有找到我们寻求的答案? 如果有,那我们就不要做"重新发现轮子"的傻事了;但是如果还没有,那就是说我们想要挖掘的宝藏还没被发现,我们大展身手去寻宝的时刻到了! 加油出发吧!

且慢,且慢,先别急着出发。你有没有看过寻宝故事? 我们一起来想一想,在这些故事里,寻宝英雄都是靠什么找到宝藏的?

想起来了么? 那些电影里的寻宝英雄们,有人开船、有人驾飞机,有人会飞,当然还有人靠走的,真可谓是八仙过海,各显神通。可不管怎样,他们都需要同一样东西,是什么呢?

对,你说对了,他们都需要一张藏宝图。在寻宝的路上,那些跟我们志同道合的前人所做的努力,他们所记录和分享的旅行记录,是我们茫茫征途中最好的向导。在海盗的世界里,这些宝贵的记录可能要冒着生命危险才能得到。但我们是幸运的研究者,研究者们的旅行记录,也就是我们叫作文献的好东西,你可以去图书馆查找,甚至完全可以坐在家里,泡杯绿茶、听着音乐、上网一搜就能轻松拥有。听上去是不是很不错啊? 准备好了么,接下来我们就好好聊聊研究世界里的藏宝图——研究文献。

学术文献搜索

首先说说这藏宝图,也就是研究文献要到哪里去找。可以肯定的是,各大高校的图书馆里,一定都有相当丰富的文献资源。除了高校的图书馆,还有一些可供搜索学术文献的网站,比如中国知网[1],维普中文期刊数据库[2],谷歌学术搜索[3]和百度学术搜索[4]。接下来,就让我们以百度学术搜索的界面为例,一步一步来探索一下文献搜索的过程。其他搜索工具的具体操作可能略有不同,但基本的理念和方法却是相通的。

停一停,想一想

在我们开始搜索之前,请先写下你感兴趣的一个研究问题/研究假设,并且列出其中的关键变量。这样等我们一起学习了基本的检索技巧,你就可以开始勾画属于自己的藏宝图了。

我的研究问题/研究假设:

_____

_____

变量1:_____

变量2[5]:_____

---

[1]　https://www.cnki.net/

[2]　http://qikan.cqvip.com/

[3]　https://scholar.google.com/

[4]　https://xueshu.baidu.com/

[5]　如果你提出的是描述性的研究问题/假设,那么它就只包含一个变量,请见第1章第2节。

假设我们有一个问题,想看看在劝服过程中,论辩的质量和论辩的长度各自扮演着什么样的角色。这个貌似相当学术化的话题其实很有现实意义,它的其中一个应用,也许是在考场上。亲爱的同学们,请想想看,在回答简答题的时候,我们是应该言简意赅、句句要害好呢? 还是不管有的没的、把所有可能有关的东西都摆上去给一个超长的答案好呢? 哈哈,想到这个应用你是不是有点兴奋起来了? 那我们就先搜索一下有关"论辩质量"(argument quality)的研究吧①。

图 2.1 百度学术搜索结果一

在搜索框内输入检索词:argument quality,点击搜索,我们就得到了第一步的结果。你可以看到我们找到了多少个结果,多少篇文献么?

对,你没看错,我们一共找到了 4 万多条结果(见图 2.1)。这么多篇文献每一篇都符合我们的需要么? 不一定,现在让我们来尝试根据自己的需要,进一步细化我们的搜索。

首先,因为我们感兴趣的是"论辩质量",不是单独关于"论辩"的文献,也不是单独关于"质量"的文献。所以,我们可以只搜索"论辩质量"这 4 个字完整的一起出现的文献。这就需要我们把"argument quality"这几个字放到双引号("")中。现在点击搜索,让我们看看百度学术这次会为我们找到多少篇文献(见图 2.2)。

---

① 如非特别指明,本章中展示的搜索结果都产生于 2020 年 1 月。

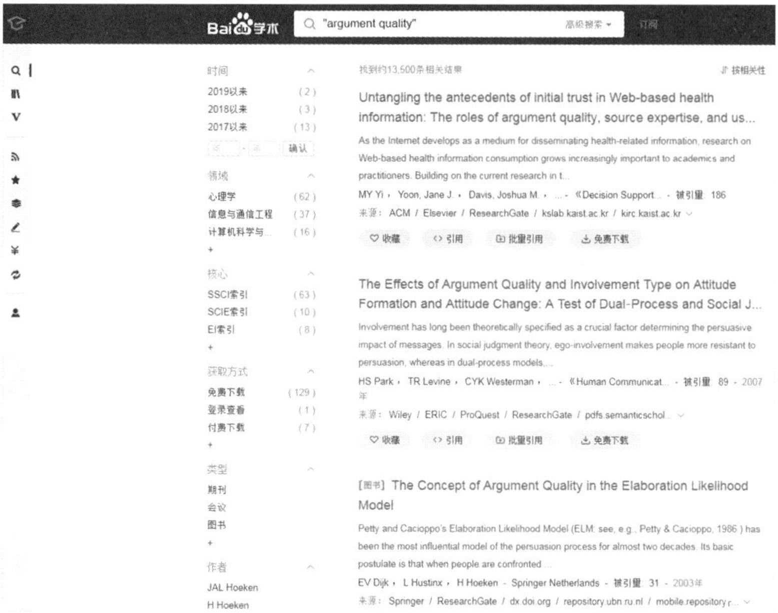

图 2.2　百度学术搜索结果二

现在我们的搜索结果数量由最初的 4 万多,大幅缩减到了 1 万多条。

你可能还是会说,1 万多个结果好像也太多了? 要多久才能读完啊? 没关系,我们再尝试一下新的细化方式。在这之前,让我先来考考你。你知不知道,我们为什么要阅读学术文献呢? 如果我们对一个问题有兴趣,那自己直接去研究不就好了么? 为什么要阅读前人的研究成果呢?

首先,在开始一个研究项目之前,我们需要知道前人关于我们感兴趣的问题已经有了哪些成果? 而我们的研究又可以为这个知识的宝库再做些什么"新"的贡献? 这有点像在寻宝之前先确定一下宝藏是否已经被拿走了。同一个宝藏不能被挖掘两次,而雷同的研究成果也不应该被多次发表。

另外,我们也可以从前人的成果中吸取经验,如果我们提出的观点或使用的方法是受益于前人的启发,那么我们就有责任有义务在文章中具体注明引用或参考了他们的哪部分成果。这就有点像当我们循着藏宝图找到了宝藏,我们理应要分一些宝藏给那些曾经为制作藏宝图作出贡献的前辈。所以,在所有学术文献中,你都会看到一个部分,叫作"参考文献",列出本研究参考过的前人的研究。而一篇文献和一位作者的被引用次数,也就成了他/她学术成就的一个重要指标(关于学术文献的内容和结构,我们在本章的下一部分还会进行详细介绍）。

　　既然研究者在开始一个项目之前,必须要客观全面地了解前人在有关问题上的成果和结论,进而保证自己的项目会带来"新的"发现。那么,如果我们想了解一个领域最新的成果,一个很好的办法就是去看该领域最新的文献。百度学术搜索体贴地考虑到了这个需求,在高级搜索对话框的最下端,我们可以设定文献发表的时间区间,也可以只设定起始或者结束的时间点。假如我们的目标是寻找最新的文献,我们就可以只设定起始时间。比如在百度学术的主页里,如果我们把搜索结果的起始时间设为 2017 年,一起来看看搜索结果有什么变化(见图 2.3)。

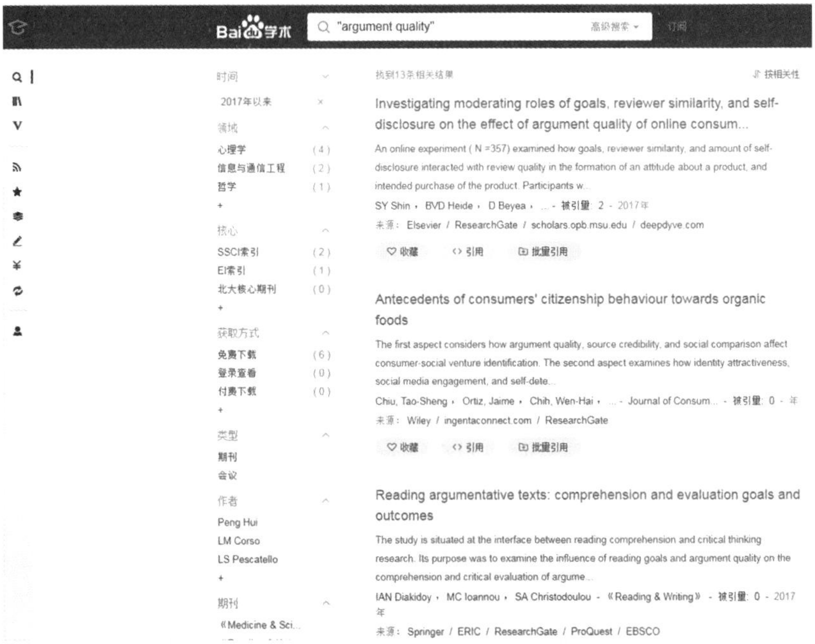

图 2.3　百度学术搜索结果三

　　对,首先我们的搜索结果大幅缩减到了 13 条。另外,你留意到排名最前的结果了么?排名最靠前的三篇文章分别是在 2017 和 2019 年[①]发表的。如果我们想要了解关于某研究题目的最新成果,仔细地阅读一篇新近发表在权威期刊[②]上的

----

　　① 　第二篇文献的发表年份在搜索结果上没有显示出来,如果点击文章标题进入文章页面,则可以看到它发表于 2019 年。

　　② 　如中文期刊中的"核心期刊",和国际期刊中被 SSCI（Social Sciences Citation Index）或者 SCI（Science Citation Index）收录的期刊。

文献是一个不错的主意。比如,在上图百度学术的页面上,我们还可以把搜索结果设定为 SSCI(Social Sciences Citation Index)的文献,这样就可以把结果进一步缩小到 2 条。

除了时间上的细化,你可能早就想到了,我们还可以分别考察不同细分研究领域的相关成果。比如,参考上图,我们可以看到,在 13 条结果中,有 4 条是心理学领域的结果,另有 2 条是信息与通信工程领域的结果。

除了寻找最新的文献,我们也可以尝试寻根溯源,寻找一个研究领域的经典文献。经典文献,顾名思义就是对后来的研究有深远影响的文献。如何找到这样的文献呢? 对了,我们可以看引用次数! 首先取消对文献发表时间的限制,然后在搜索结果页面的右上角,你可以找到"按相关性"排序的字样对不对? 点击它,你就会发现三个选项:按相关性、按被引用量和按时间降序。选择"按被引用量",我们可以看到,排序最前的两篇文献引用量都比较高(见图 2.4)。

图 2.4　百度学术搜索结果四

找到一系列文献只是我们寻宝路上的第一步,接下来我们就要一篇一篇地阅读文献了。在阅读一篇文献的过程中,你很可能会找到更多的、与你的研究兴趣更息息相关的文献。为什么这么说? 往下读你很快就会明白了。

现在请回溯你刚才写下的研究问题/研究假设，挑选其中一个或者两个变量，用你刚刚学到的方法，到百度学术搜索里去搜索一下。

我的研究问题/研究假设：

_____

_____

我找到的其中一篇文章：

作者：_____

发表年份：_____

文章标题：_____

期刊标题：_____

2.2　研究文献怎么用

想必你已经找到至少一篇和自己的研究兴趣一致的文献了。祝贺你，因为能够细细地阅读这样的一篇文献，就像开启了一个知识的宝库。期待吗？现在让我们一起踏上这激动人心的宝库之旅吧。

研究文献的结构和内容

虽然学术研究隔领域如隔山，但文章的基本结构却是相似的[①]。简单来说，一篇文章通常可以看作分为五大部分（见图 2.5）。在这里，让我们一起边读一篇文章，边了解一下这五部分吧。读哪篇文章好呢？不如我们选一篇经典，就读发表于 1981 年，被引用过千次，由 Petty 等人写的《个人卷入程度对劝服效果的影响》[②]。

只看题目的话，我们可能还不是特别确定作者的研究目的和研究结果究竟是什么，或者更重要的是：这篇文章对我们究竟有没有参考价值。这时候，我们就可以参考文章的第一部分"摘要"（abstract）。摘要通常用相当少的篇幅（通常 120 至

---

①　需要特别说明的是，由于本书的主题是介绍定量研究中的数据收集，所以我们这里讨论的文章结构，仅限于以定量方法为基础的文章。

②　Petty R E, Cacioppo J T, Goldman R. Personal involvement as a determinant of argument－based persuasion[J]. Journal of Personality and Social Psychology，1981，241(5)：847－855.

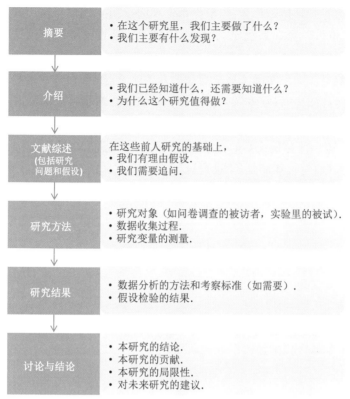

图 2.5　社会科学文献的结构

200字左右),言简意赅地向读者介绍一篇文章的研究目的和研究成果。现在,请你读一读这篇文章的摘要,然后写下你的看法。

停一停,做个小练习(Ex2.1①)

读完摘要后,你认为这篇文章的研究目的和研究结论是什么?

研究目的:

_____

_____

研究结论:

_____

_____

---

① 参考答案请参见本章最后部分。

不管你的答案具体是什么,相信你都发现阅读摘要让你对这篇文章的大致内容心中有数,也可以据此做决定:我是否感兴趣? 是否要继续精读这篇文章? 摘要的目的大抵就是这样。我们用百度学术搜索查到一篇文章后,通常都可以免费看到该文的摘要。如果在阅读摘要后想要获取全文,那么大多数情况下就要通过学校图书馆的订阅体系(在本章的最后部分我们还会聊聊其他获取正文的办法)。

接下来,我们就开始读正文吧。正文的第一部分,是我们叫作介绍(introduction)的部分,这个部分最主要的目的,是回答两个问题:(1)关于这个问题,我们已经知道什么? (2)更重要的是,本研究能够带来哪些新的知识? 现在请阅读 Petty 等人撰写的这篇文章中的前三段,然后尝试回答下面的问题。

停一停,做个小练习(Ex2.2)

读完前三段后,请尝试回答下面两个小问题。
关于这个研究议题,我们已经有了哪些知识?

_____

_____

本研究有望帮助我们增加哪些新的认知?

_____

_____

怎么样,Petty 他们在这三段话里有没有说服你,让你觉得这个研究是值得做的? 有时候,好的介绍可能会让读者有这种感慨:这个研究太应该做了,以前怎么没人想到要去做呢? 更有甚者,有些读者还会边拍案叫绝,边扼腕叹息:"哎,我怎么就没想到呢?"亲爱的同学,祝愿你能看到这样的好文章,更祝愿你有这样的求知热情,那真是人生一大幸事!

文章的介绍部分已经让我们了解到该研究的重要性,接下来,作者就要提出具体的研究假设或者问题了,通常情况下,一个研究的假设都是以前人的相关研究为基础提出的,因此这一部分也称为文献综述(literature review)。还记得我们第1章关于研究假设的讨论么,我们说研究者在收集数据之前,需要先提出自己的研究假设,或者从另一个角度说,就定量研究而言,无论研究者提出了多么富有说服力的论述,这些论述在得到数据支持之前,都只是假设而非研究结论。在有些情况下,当前人的相关研究不足以支持我们提出假设,那我们可以只是提出研究问题。现在请阅读 Petty 等人这篇文章的第四至六段,然后回答下面的问题。

停一停,做个小练习(Ex2.3)

读完第四至六段后,请尝试回答下面两个小问题。

作者的第一个研究假设是:

_____

_____

作者的第二个研究假设是:

_____

_____

你觉得作者有足够充分的理由来支持这两个假设么?

_____

_____

　　提出假设后,文章就要开始写作和本书的主题"数据收集"最为相关的部分:研究方法(method)了。方法部分的内容会因为具体数据收集方法的不同而不同(我们后面分别讲解各个数据收集方法的时候会再详细讨论),但总体而言,作者在这里的主要任务,就是要清楚介绍他们是如何收集数据来检验自己的研究假设的。现在请阅读 Petty 文章的方法部分,然后尝试回答以下的问题。

停一停,做个小练习(Ex2.4)

阅读本文的方法部分后,请尝试回答以下的问题。

有多少人参加了这次实验?

_____

这些人的身份是?

_____

作者是如何把参加实验的人分为"个人卷入"高和低两组的?

_____

_____

作者是如何测量人们对有关事项(即 comprehensive exam)的态度的?

_____

_____

当数据收集上来以后,研究者就会在研究结果(results)部分用这些数据来检测之前提出的研究假设。这一次 Petty 他们很幸运,提出的研究假设都得到了支持。但也有很多其他研究会发现研究假设得不到支持,或者只是部分得到支持的情况,这在实证研究中是很常见的。

最后,作者就要总结一下自己的研究结论并对其进行讨论(讨论与结论部分,discussion and conclusions)。和前面的部分相比,这一部分的内容和架构更为多元化,但万变不离其宗,这部分主要的目的可以总结为八个字:回顾过去,展望未来。作者会回顾总结一下这个研究,对研究结果的应用和未来的研究方向提出一些建议,如果研究假设没有得到完全的数据支持,这里作者还要讨论可能的原因;另外一个需要做的事情,就是讨论本研究的局限。请阅读 Petty 等人这篇文章的讨论部分,并尝试回答以下的问题。

停一停,做个小练习(Ex2.5)

阅读本文的讨论部分后,请尝试回答以下的问题。

是什么因素决定人们究竟是通过"中央"路径还是"周边"路径来处理一项劝服信息的呢?本文的作者提出了两大可能的因素,他们分别是:

因素 1:

_____

因素 2:

_____

像前面的其他思考题一样,你可以在本书后页找到相应的参考答案。Petty 等人在 1981 年提出的这两大因素,随后引来无数研究者对其进行探讨和验证,简直可以说是统领江湖数十年。如果你对劝服、社会影响等问题感兴趣,这篇文章的确是必读的经典。

现在,我们来到了一篇文章的最后部分参考文献(reference)。你能快速数一数,这篇文章一共参考了多少前人的文章么?对,45 篇。你可能也留意到了,作者在边写作的过程中会边标注观点/证据等的来源,如果你对哪个特定研究感兴趣,就可以根据这个标注到参考文献列表里找到它。比如在文章的起始部分,作者就说,Petty 和 Cacioppo 在 1981 年回顾了过往 35 年关于劝服的研究后,认为这些研究指向关于劝服的两条截然不同的路径。如果你对 Petty 和 Cacioppo 的这篇综述感兴趣,你就可以去参考文献的列表里找到它,这个列表是按照第一作者的姓以字母顺序排列的,你能试着从里面找到这篇文献么?

停一停,做个小练习(Ex2.6)

请阅读全文的第一句话,然后从参考文献列表里找到句中提及的那篇文章。

_____

_____

　　找到了? 真棒! 其实还是有一点点难度的对不对? 因为参考文献列表里有好几篇 Petty 为第一作者的文章,你除了要对照合作者(Cacioppo)的名字,还要对照相应的年份①。之前提到,阅读一篇文献常常会引领着我们找到更多的文献,其中一个重要的途径,就是通过该文献所引用的参考文献。除此以外,还有另外一个途径,你能猜猜是什么吗? 给你一个小提示,一篇文章可以引用其他文章,它也可以被其他文章……怎么样?

　　对的,每篇文章都可以被其他文章引用! 还记得,根据百度学术搜索的记录,我们刚刚读过的这篇文章一共被其他多少篇文献所引用么? 是 1,229 篇。也就是说,在这篇文章发表之后,有 1,229 篇的文献都受到了它的启发或者进一步验证/发展了它的结论。如果你对有关的研究感兴趣,这些文章都是你可以去探索的对象,百度学术搜索也允许你在这 1,229 篇文章中做进一步的细化搜索,方法和我们之前展示的类似。怎么样? 期待么? 去探索试试看吧!

研究文献与数据收集

　　站在巨人的肩膀上,在前人的成果基础上继续进步,可以说是研究者建筑知识大厦的必经之路。具体到本书的主题——数据收集,前人的研究也是必不可少、相当实用的参考资料。

　　首先,我们可以参考前人的做法来测量研究中涉及的变量。比如在 Petty 的研究中,他用了什么办法来测量被试对综合考试的态度呢? 他采用了 2 类方法,问了 5 个问题(见小练习 Ex2.4),为什么要这样操作? 是不是好像有点精妙? 其实相对于其他更为复杂的概念(比如智商、个性)来说,态度的测量已经可以说是相对简单的了②。当你探索一个感兴趣的题目时,了解前人是怎样测量这个问题

---

　　①　关于参考文献的格式要求,因学科、语言不同有各种各样的规范。不过殊途同归,各种格式要求都需要提供一篇文献的作者、出版年份、文章标题、期刊标题等信息,确保读者可以精准地找到它。

　　②　下一章我们会详细讨论测量的问题。

中的核心概念:他们遇到过哪些困难? 产生过哪些争议? 最后得到了哪些经验教训? 可以让我们少走很多弯路。

测量的问题是如此之复杂,研究者们在这方面是如此需要互相扶持,以至于有一些研究是专门致力于概念的梳理和测量的,比如 Lapinski 和 Rimal 于 2006 年发表在《传播理论》上题为"社会规范的概念梳理"(An explication of social norms[①])的文章。更有一些专门讨论测量问题的期刊,把测量本身当作一个研究领域来做,比如《教育测量期刊》(Journal of Educational Measurement)。如果到百度学术搜索去查找所有在标题里出现了"测量"(measures)字眼的文章,我们会得到超过 4000 万篇的搜索结果。简而言之,前人做了那么多的努力,在测量一个概念之前,不参考一下他们的经验和智慧实在是太可惜了。更多的内容,且待我们下一章娓娓道来。

除了测量之外,我们可以从前人的研究设计中吸取的营养还多着呢。在研究中,我们的研究对象常常是抽象的概念。比如我们刚刚一起阅读的 Petty 等人文中的"个人卷入"和"论辩质量",这些都是相当抽象的概念,我们要怎样把这些概念放到一个具体的研究情境中、收集与之有关的数据并且探讨他们之间的关系呢? 我们可以看看前人是怎么做的。首先,我们要挑选一个话题,这个话题对研究的参与者(大学生)来说,既可以是卷入程度高、对自己来说至关重要的;也可以是卷入程度低、对自己来说无关紧要的,什么样的话题能够同时满足这两个要求呢? 这还真是一个让人头疼的问题啊! 我们很幸运地读到了 Petty 等人的这篇文章,他们通过调整综合考试的假设实行时间(下一年或者十年后),让同样的话题对同一群参与者来说,既可以迫在眉睫,又可以事不关己,真是让人拍案叫绝[②]。如果需要做类似的研究,我们完全可以参考他们的设计(参见 Ex2.4)。

在研究探索的路上,想到一个值得探究的研究问题/研究假设固然是无比重要的,而运用适合的研究设计来回答这个问题、检验这个假设也是必不可少的。从这个角度来说,前人精妙的研究设计对后人是相当珍贵的资源。在我们看来,有的研究设计简直像艺术品一样充满了灵感。在后面讲到具体的数据收集方法的时候,我们会跟你们分享更多精彩的例子。

其他小难题

经过前面的介绍,想必你已经踌躇满志,准备好搜索一批感兴趣的文献,然后

---

① Lapinski M K, Rimal R N. An explication of social norms[J]. Communication Theory, 2005, 15(2): 127−147.

② 你也许会问,那我选择两个大家关心程度不同的话题不就好了吗? 这就涉及实验控制的问题。简单来说,采用两个不同的话题会让实验的严谨程度大打折扣。更多的讨论请见本书第 6 章。

痛痛快快地大读一番了。不过学校图书馆不一定订阅了所有我们感兴趣的文章，而且对于我们中的大多数人，英文都是第二（甚至第三）语言，如果需要大量阅读英文文献，会感觉耗时较多难度较大。针对这些问题我们该怎么处理呢？比如我在文献搜索阶段看到了不少相关文献，其中一篇是《健康传播领域的新问题和未来研究方向》（Emerging issues and future direction of the field of health communication①），我希望可以快速地扫描一下文章摘要，以决定是否查看原文。需要阅读摘要的文章很多，可是我的英文阅读速度又一般，我该怎么提高速度呢？现在不少的国际期刊都已经开始提供翻译的服务（比如发表上述文章的期刊《健康传播》），如果点击语言转换的按钮，选择中文之后就可以看到一个中文版的摘要，可以帮助我们尽快地对文章内容产生一个大致的印象和判断。

假设我在读过摘要之后，特别希望阅读这篇文章的全文。可是，我所在学校的图书馆没有订阅相应的期刊，我该怎么办呢？没关系，我们的锦囊里还有一个妙招：你可以自己写信给作者②，简单介绍自己，明确告知想要阅读哪一篇文章（标题，发表于哪个期刊），成功的可能性还是非常高的。为什么呢？记得我们之前聊过的引用次数问题么？对于一个学者来说，自己的作品被阅读、被引用是非常让人高兴的事，所以，很可能你不但可以收到文章，还会得到作者的客气感谢。甚至如果你的研究兴趣跟作者特别契合，虚心求教之下，你也许还能得到他的意见和建议呢！

本章的最后，让我们送一个小礼物给你，下面是一封向作者索要文章全文的邮件示例，希望你会用得着。

一个小例子：写信给文章的通信作者索取原文

DearDr. 作者的姓，

I am 你的名字 from 你的学校. I saw the abstract of your article entitled "文章的标题" published in 期刊的标题 and would love to read it. Could you please send me a soft copy? Many thanks for your attention!

Best regards,

你的名字

---

① Hannawa A F, Kreps G L, Paek H J, Schulz P J, Smith S, Street Jr R L. Emerging issues and future directions of the field of health communication[J]. Health Communication，2014，29(10)：955－961.

② 通常每篇文章都有相应的通信作者（corresponding author），给这个人写邮件就好。

延伸阅读：

Lapinski M K，Rimal R N. An explication of social norms[J]. Communication Theory，2005，15(2)：127－147.

关键字：

摘要(abstract)   研究结果(results)

介绍(introduction)   讨论与结论(discussion and conclu-

文献综述(literature review)   sions)

研究方法(method)   参考文献(reference)

文中练习题参考答案：

Ex2.1

  研究目的 测试"个人卷入"是否影响劝服信息被处理的方式：是经由"中央路径"得到认真的思考推敲，还是经由"周边路径"只得到草率的判断。

  研究结论 Petty等人发现，当个人卷入程度高，或者说相关议题对个人的重要程度高的时候，劝服信息会走中央通道，被劝服对象对劝服信息深思熟虑后决定是否采纳其中的观点，因此劝服的效果主要受论辩质量的影响；而当个人卷入程度低的时候，劝服信息是经过周边通道，被劝服对象只是大概地浏览劝服信息，不做深入地思索就决定是否采纳其中的观点，因此没那么关键但却方便辨识的信息，即提出论辩的人是否是专家就起到更决定性的影响。

Ex2.2

  我们已经有了哪些知识 人们似乎通过两条路径("中央路径"或者"周边路径")来处理劝服信息。

  本文有望帮助我们增加哪些新的认知 本文希望探索：是哪些因素决定了人们采纳哪一条路径来处理某一条劝服信息。

Ex2.3

  第一个研究假设是 当个人卷入程度高时，个人的态度是否改变取决于对劝服信息的深思和考量。见全文第四段，we hypothesized that when a persuasive communication was on a topic of high personal relevance，attitude change would be governed mostly by a thoughtful consideration of the issue-relevant argument presented（central route）.

  第二个研究假设是 当个人卷入程度变低时，劝服情境中一些（本该不那么重要的)暗示或者说线索就产生了更大的影响。见全文第六段，peripheral cues in the persuasion situation become more important as the personal involvement with an issue decreases.

Ex2. 4

　　有多少人参加了这次实验　145 个人

　　这些人的身份是　密苏里大学选修了"心理学导论"这门课的学生。

　　作者是如何把参加实验的人分为"个人卷入"高和低两组的　这个实验中被用来讨论的事项，是学校是否应该让学生通过综合考试后才能毕业。其中一组学生被告知，综合考试的计划可能大约 10 年后才会实行；而另一组学生被告知，这项计划有可能于明年生效。显然，后一组学生对有关事项的"个人卷入"程度会高于前一组。

　　作者是如何测量人们对有关事项的态度的　他们用了两种测量方法：一是让被试在四组形容词中选择打分(1 至 9 分)；二是让被试根据自己对综合考试的赞同程度打分(1 至 11 分)。

Ex2. 5

　　因素 1　动机(motivation)，人们是否有意愿去认真思考有关议题，比如当个人卷入程度低时，动机就会比较弱，决策就更容易走周边通道。

　　因素 2　能力(ability)，人们是否有足够的能力(如时间、精力、知识储备)来对有关议题做出深思熟虑的判断。比如当研究者限制被试在非常短的时间内做出一项决定时，被试的"能力"就被减弱了，决策也因此更容易经由周边通道完成。

Ex2. 6

Petty R E，Cacioppo J T. Attitudes and persuasion：Classic and contemporary approaches[M]. Dubuque，Iowa：Wm C Brown，1981.

第二部分
研究的建构

第3章　测量：概念化和操作化

简单来说，测量就是把一个抽象的概念转换为可供分析的数字的过程。这件看似简单的事情人们天天都在做，用考试成绩考量"学习成效"，用收入代表"成功"与否，用 IQ 成绩来测量"聪明程度"……说到这里，你可能已经有所感觉，测量的过程其实并没有看上去那么简单，而期间最大的危险就是人们常常想当然地把一个具体的测量结果等同于它所指代的抽象概念。

3.1　概念的操作化过程

生活中的测量

测量，好像是一个很专业的词汇，可是你知道吗？人们在日常生活中其实经常不知不觉地在跟测量打交道呢！比如，你喜欢唱卡拉 OK 么？唱完之后有没有试过被机器打分？你喜欢吃辣还是特别怕辣？在餐厅吃饭会不会参考菜品旁边的小辣椒数量？你在选择酒店的时候，会不会留意酒店的星级？

这样说来，测量仿佛是无处不在。那具体什么是测量呢？最简单地说，测量就是把一个抽象的概念转化成具体的数字的过程。我们生活中的很多测量是在不知不觉中发生的。举个例子吧，假设上大学后的第一个暑假，你中学时代最好的朋友要来你所在的城市探望你。有朋自远方来，你非常开心，决定要好好招待他吃顿好的。这个场景想起来是不是很幸福？那么现在请尽情展开你想象的翅膀，好好想一想请他去哪里吃这一顿饭比较好呢？

停一停，想一想

我已经想到了一两个比较合适的餐厅，因为它们在以下因素上胜出：

_____

_____

有的人在意口味,有的人在意环境,有的人在意卫生状况,有的人在意服务,有的人在意地点方便,有的人在意价格,还有的人希望综合考虑其中的几个或者所有这些因素。不同的人最后选中的餐厅可能会不同,因为每个人选中的都是在他本人最在意的因素上得到最高评价的餐厅。这其实就是一个测量的过程。

不知道你有没有听说过"米其林星级餐厅"的说法?它是一种久负盛名的对餐饮服务的评价机制。在世界各地旅行的时候,有不少游人都热衷于到当地的米其林星级餐厅吃饭,不过又有多少人知道米其林评价机制采用的评选标准呢?它具体考察了哪些因素?那些因素都是你所在意的吗?另外,是否所有你在意的因素都被考虑到了呢?你愿意在不知道这些问题的答案之前,就把米其林指南当作自己的美食圣经吗?

类似地,你和你的朋友有没有试过被某个卡拉 OK 系统打分?你们觉得这个评分系统和你们对自己的评价一么么?大家公认唱得好的人是不是得到了高分?你们有没有试着去了解每个打分系统背后的逻辑?它考虑了哪些因素呢?音准?音量?音色?和原唱的契合度?……比如我们当中有些富有创意的歌神级人物会改编原唱,尝试唱出自己的风格。尽管我们可能会相当欣赏这样的演出,但在某些打分系统中,他们的创意改编却会得到颇为惨淡的分数。

看到这里,你可能已经感觉到了,在日常生活中,为了对一些抽象的概念,比如餐厅的好坏,歌技的优劣进行分析和评比,我们常常需要把它们转化为具体的

图 3.1　抽象概念的测量

数字。为了实现这个转换的过程，人们需要制定一些标准，选择一些因素。我们将这个过程叫作操作化（operationalization）。操作化注定是一个筛选、取舍的过程：我们考虑相关概念的某些因素，而忽略另一些因素。我们甚至可以说："没有任何一个概念的操作化是完全等同于这个概念本身的"（见图 3.1）。

测量：从研究目的出发的旅行

操作化是一个筛选的过程，就一个具体的操作化过程来说，我们的筛选是怎样进行的呢？可以说，它是由我们的研究目的决定的。

举个例子，如果想要了解明天的天气，你会怎么做呢？很自然的，这可能取决于你明天要做什么。如果在通常的上班日/上学日，你会不会只是在出门之前望望天上有没有乌云，猜测一下要不要带伞而已？再如果你明天打算待在家里休息，看书或者看电影，那么你可能最多看看有没有极端恶劣的天气（比如台风）。不过，如果明天你准备和朋友们一起去爬山，那么可能要认真全面地研究一下天气预报才行。比如我们应该看看全天不同时段的降雨概率，会不会有雷暴，再了解一下风速、能见度、空气污染指数、紫外线指数和日落时间等。天气是一个相当丰富的概念，而在一个具体的情况下我们该如何测量它，或者说我们关心天气的哪些方面，都取决于我们了解天气的目的。类似地，我们在一个具体的研究中如何测量一个概念，也取决于我们的研究目的：我们为什么要测量这个概念？我们想要考察它和哪个或者哪些概念之间的关系？

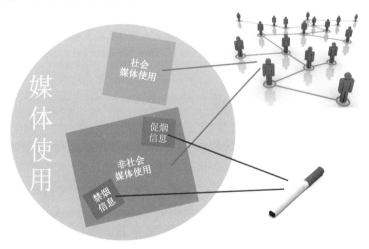

图 3.2　"媒体使用"概念的测量

比如,"媒体使用"看起来是一个相当直白和常见的概念。但是,根据不同的研究目的,研究者对这个概念的测量方式,或者说操作化可能会相当不同。如果想要研究媒体使用对社会关系的影响,我们可以侧重考察以建立社会关系为主要目的的媒体使用(social use,如社交网络),对比与社会关系无关的媒体使用(non-social use,如上网看新闻);如果想要研究媒体使用对吸烟态度与行为的影响,我们会有针对性地考察人们接触禁烟信息和促烟信息的多少(见图 3.2)。

测量:批判的视角

说到这里,你可能觉得测量一个抽象的概念是一件颇为复杂,甚至棘手的工作:我们要从貌似无尽的选项中作出选择。更糟糕的是,我们好像很难确定自己是不是做得对。在社会科学研究中,没有哪一个测量是完全等同于它所代表的概念的。了解这一点并不是让我们陷入不可知论(接下来会详细讨论如何选择一个测量并且科学地评估它的优劣),而是希望我们可以批判地看待测量,并且能从测量的视角,去深入系统地分析一个研究。

停一停,想一想(从测量的角度批判地看待一个研究结论)

比如,如果你看到一个研究结果,说父母的陪伴对孩子的发展有促进作用。这个结论我们要怎么看呢?

首先,从这个结论里,你能看到这个研究的自变量和因变量分别是什么?请填写下来。

自变量:_____

因变量:_____

在确定了研究的主要变量后,我们就可以从测量的角度问一些分析性的问题。

首先,针对自变量,我们可以问:"父母的陪伴"在这个研究中是怎么定义的?又是怎么测量的?如果研究中父母的陪伴只是考虑了双方在一起度过的时间长短,那么它可能就没能反映陪伴的质量、父母的教育风格等对孩子的影响。

类似地,针对因变量,我们可以问:"孩子的发展"在这个研究中是如何定义和测量的呢?很显然,这个概念有不止一个维度,比如这个研究关心的是孩子认知能力方面的发展,还是其他方面的发展呢?如果是前者,那它究竟是怎样"操作化"认知能力的呢?是看这个小朋友的学业成绩?IQ 测试结果?还是 PISA 项目(国际学生能力评估计划)的成绩?可以想象,除了认知能力以外,孩

子的发展还有更为丰富的定义和操作化的可能,比如社会能力、情商发展、与父
母的依附关系,等等。

　　所以,可以说如果不了解一个研究中核心概念的定义和测量,我们是无法
深入地探讨这个研究的理论和实践意义的。

测量:从来都不是孤独的行程

　　刚才提到,批判地看待测量并不是要我们变成不可知论者,相反地,这种批判
精神应该帮助我们更好地做出选择,并且清醒地知道,自己选择的只是多个可能
性之一。这听起来可能还是太抽象了,那么具体到一个研究,我们究竟应该怎么
做呢?

　　接下来你会发现,这个问题也许并没有你现在想象的那么复杂难解。

　　还记得我们在第 2 章里聊过的,研究从来都不是孤独的旅程,前人的探索对
我们而言,就像珍贵的藏宝图么? 在测量的选择上,我们自然也可以求助于这张
藏宝图。现在就试一试吧,对一个你感兴趣的概念,用我们在第 2 章里讨论过的
搜索方法尝试搜索一下。

停一停,试一试

　　选择一个你感兴趣的核心概念:＿＿＿＿＿＿＿＿＿＿＿＿＿＿＿＿＿＿＿

　　把这个核心概念放入百度学术搜索或者其他学术搜索工具(比如你学校图
书馆的搜索工具)中进行搜索,针对前几个搜索结果,回答以下的问题:

1. 这个研究把此核心概念和哪个/哪些概念联系起来考察?

＿＿＿＿＿＿＿＿＿＿＿＿＿＿＿＿＿＿＿＿＿＿＿＿＿＿＿＿＿＿＿＿＿＿＿

2. 在这个研究中,此核心概念的定义是什么?

＿＿＿＿＿＿＿＿＿＿＿＿＿＿＿＿＿＿＿＿＿＿＿＿＿＿＿＿＿＿＿＿＿＿＿

3. 在这个研究中,此核心概念是怎样被测量的? 换句话说,此核心概念的操作
化定义是什么?

＿＿＿＿＿＿＿＿＿＿＿＿＿＿＿＿＿＿＿＿＿＿＿＿＿＿＿＿＿＿＿＿＿＿＿

＿＿＿＿＿＿＿＿＿＿＿＿＿＿＿＿＿＿＿＿＿＿＿＿＿＿＿＿＿＿＿＿＿＿＿

　　这里我们尝试一下在百度学术搜索里检索"媒体接触"(media exposure),得
到的结果如图 3.3。

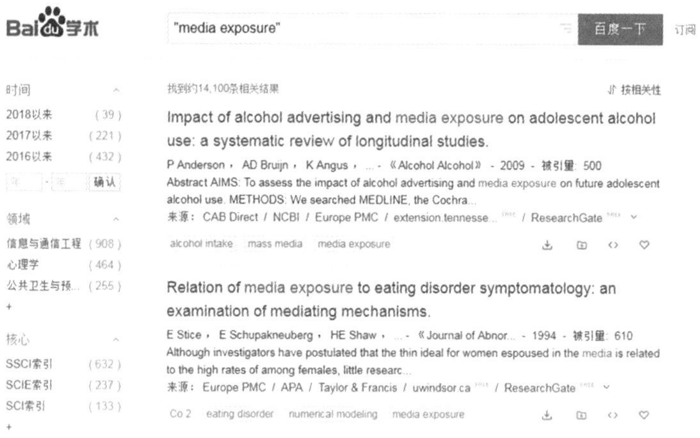

图 3.3　百度学术搜索结果

你可以发现,排在前两名的研究分别把媒体接触和两个不同的概念联系在一起:"酒精使用"和"饮食失调"。现在让我们找到其中一个研究《媒体接触和饮食失调症状:对中介机制的研究[1]》,阅读看看并尝试回答这三个问题[2]。

停一停,试一试（媒体接触的测量）

相关的核心概念:媒体接触

1. 这个研究把此核心概念(即媒体接触)和哪个概念联系起来考察?
   饮食失调症状

2. 在这个研究中,此核心概念的定义是什么?
   在这里,考虑到研究者是想要考察媒体接触对饮食失调症状的影响,他们感兴趣的是那些可能展示所谓完美身材(ideal body images)的媒体内容。

3. 在这个研究中,此核心概念是怎样被测量的?
   在过去的一个月内,读三类杂志的次数(健康与修身类;时尚与美容类;娱乐艺术和八卦类)和观看三种媒体内容(喜剧、电视剧、游戏节目)的次数。

---

① Stice E，Schupak-Neuberg E，Shaw H E，Stein R I. Relation of media exposure to eating disorder symptomatology：An examination of mediating mechanisms[J]. Journal of Abnormal Psychology，1994，103(4)：836－840.

② 你还记得在一篇学术文献中如何找到关于概念测量的内容么? 如果忘记了没关系,正好趁这个机会温故知新,具体请参考第2章2.2节中关于"研究文献的结构与内容"部分。

同一个概念，在不同的研究项目中，由于研究目的不同，由于我们想要与之建立关联的概念不同，可能就会有不同的定义和操作化方式。有兴趣的同学可以找到一个自己感兴趣的概念，挑选三篇文献分别回答以上的三个问题，相信一定会从中得到一些启发。

针对有些特别复杂和重要的概念，我们甚至可以找到专门针对它们的概念化和操作化所做的综述性文章，如果你的研究项目涉及这样的概念，那在你开始收集数据之前，一定要先好好研究一下这些文章。以下是两个小例子。

延伸阅读：关于概念化和操作化的综述性文章举例

1. Kiousis S. Interactivity：a concept explication[J]. New Media & Society，2002，4(3)：355—383.

2. Lapinski M K，Rimal R N. An Explication of Social Norms[J]. Communication Theory，2005，15：127—147.

最后，在《媒体接触和饮食失调症状：对中介机制的研究》中，关于媒体接触这个概念的测量部分（见该文章第二页），还有一个值得留意的小细节。作者提到，本研究中使用的媒体接触测量是在前人（如 Morgan 在 1982 年发表的研究）的基础上改进的。也就是说，一方面，我们在收集数据时可以参考前人使用过的测量方法，另一方面，我们也可以在前人的基础上做出改进，当我们做出改进的时候，需要在文中简要解释我们是怎样做的，以及我们这样做的理由。

当我们开始在文献的海洋遨游之后，可能会惊喜地发现，在求知探索的路上我们一点也不孤单。那些我们和朋友热切讨论，或者独自思量把玩的问题，其实很可能也穿越着时空，被地球上其他地方、其他时代的学者仔细研究着。比如，相信你一定曾经试图去了解过一个人吧，你通常会怎样来描述和概括一个人的人格特征呢？请在这里写下你的答案或者一些思考。

停一停，想一想

你通常会怎样来描述一个人（别人或者自己）的人格特征呢？如果感觉这个问题太抽象，你可以尝试描述一个具体的人，然后再看看自己的描述涉及哪些方面。

_____

_____

怎么样,完成了么?接下来我们想要邀请你参考一个在学界被广泛应用的关于人格测量的量表《五项人格量表》[①],它把人格分为外向性、亲和性(也译为宜人性)、神经质(也译为情绪不稳定性)、对经验的开放性(也译为求新性)和尽责性五大项,然后一共询问44个问题[②],来了解每个人在这五大项上的评分表现。

经典共赏:我们怎样测量人格之"五项人格量表"

以下有多个描述,你多大程度上认为它们适用于你呢?例如,请看第1题,你同意自己是"健谈的"吗?针对每一个题目,请参照以下的刻度表,在表格中圈出适合的数字去表示**每个描述适用于你的程度**。分数越高,代表你越同意相关的描述适用于你本人。

1	2	3	4	5
非常不适用	比较不适用	说不准	比较适用	非常适用

1. 健谈的	1—2—3—4—5	2. 喜欢给别人挑错	1—2—3—4—5
3. 工作时会考虑周到	1—2—3—4—5	4. 忧郁,沮丧的	1—2—3—4—5
5. 有独创性,想出新的构想	1—2—3—4—5	6. 含蓄的	1—2—3—4—5
7. 乐于助人,不自私	1—2—3—4—5	8. 有点粗心	1—2—3—4—5
9. 放松的,善于处理压力	1—2—3—4—5	10. 对很多不同的事好奇	1—2—3—4—5
11. 充满力量	1—2—3—4—5	12. 容易与别人争吵	1—2—3—4—5
13. 是一个可靠的员工	1—2—3—4—5	14. 容易紧张的	1—2—3—4—5
15. 足智多谋的,擅长深入思考	1—2—3—4—5	16. 激发很多热情	1—2—3—4—5
17. 容易宽恕别人	1—2—3—4—5	18. 混乱无序的	1—2—3—4—5
19. 担心很多事情	1—2—3—4—5	20. 有活跃的想象力	1—2—3—4—5
21. 安静的	1—2—3—4—5	22. 总体上容易相信别人	1—2—3—4—5
23. 倾向于懒惰	1—2—3—4—5	24. 情绪稳定,不容易心烦意乱	1—2—3—4—5
25. 善于创造的	1—2—3—4—5	26. 有独断的性格	1—2—3—4—5
27. 容易变得冷淡和疏离	1—2—3—4—5	28. 坚持直到任务完成	1—2—3—4—5

---

① John O P, Srivastava S. The Big-Five trait taxonomy:History, measurement, and theoretical perspectives[M]// Pervin L A, John O P. Handbook of Personality:Theory and Research. New York:Guilford Press, 1999:Vol. 2, 102-138.

② 一个量表中包含的问题也被称为项目,比如我们可以说这里介绍的《五项人格量表》包含44个项目。

29. 容易喜怒无常的	1—2—3—4—5	30. 看重艺术及美学体验	1—2—3—4—5
31. 有时怕羞,羞怯的	1—2—3—4—5	32. 对大部分人都关心及体贴	1—2—3—4—5
33. 做事有效率	1—2—3—4—5	34. 在紧张情况下保持冷静	1—2—3—4—5
35. 喜欢做例行公事的工作	1—2—3—4—5	36. 外向,喜欢交际的	1—2—3—4—5
37. 有时对别人粗鲁	1—2—3—4—5	38. 有计划及跟随计划行事	1—2—3—4—5
39. 容易紧张	1—2—3—4—5	40. 喜欢反省,反复思考	1—2—3—4—5
41. 很少有艺术类的兴趣爱好	1—2—3—4—5	42. 喜欢与别人合作	1—2—3—4—5
43. 容易分心	1—2—3—4—5	44. 精通于艺术、音乐或文学	1—2—3—4—5

外向性:1、6R、11、16、21R、26、31R、36

亲和性:2R、7、12R、17、22、27R、32、37R、42

尽责性:3、8R、13、18R、23R、28、33、38、43R

神经质:4、9R、14、19、24R、29、34R、39

求新性:5、10、15、20、25、30、35R、40、41R、44

把以下标有 R 的问题的得分反转(5 分变为 1 分,4 分变为 2 分,以此类推),然后把代表每项人格的所有问题得分相加,就可以得到一个人在各项人格测评中的得分了。

这个人格测量的例子给你的感觉如何? 你觉得它有测到你认为重要的所有人格维度么? 它有没有测到一些你一开始没有想到,但是现在觉得原来也挺重要的维度呢? 不管怎么样,这个测量所显示出来的思考的深度和广度都值得参考,是不是? 如果你也对人格测量,或者广泛地说,对如何准确地描述一个人有兴趣,先参考一下这些前人的量表,是不是可以省去很多的时间精力,并且可以减少遗漏和失误呢?

在研究的路途上,我们从来都不是一个人。

3.2　测量的层次

测量的四个层次

我们可以把测量分为以下四个层次:定类、定序、定距、定比。 为什么要把这四个层次像梯级一样(见图3.4)从低到高排列呢?这里我们先卖个关子,待会儿就会跟你详细分解。现在先逐一解释一下每个测量层次究竟是怎么一回事。

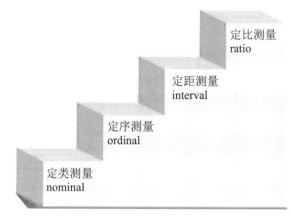

图 3.4　测量的层次

首先,定类测量(nominal measures)顾名思义就是把事物进行分类的一种测量。如我们日常生活中最常见的性别,就可以当作是一种定类测量,它把人分为男和女两类。再比如血型、星座、属相、专业、婚姻状况、季节、菜系、民族等,这些旨在把所涉及的事物分类,但不将这些类别进行排序的测量方式,就叫作定类测量。

说到这里你可能会问,看起来好多测量都是定类的呀,那什么时候我们除了把事物分类,还需要再把这些类别排序呢?一个(对吃货来说)最常见的例子,就是我们一开始提到的:微辣、中辣和大辣,还有酒店的星级、大学的排名、选美比赛的头衔等,都具有这个特征,我们将这样除了对事物进行分类,还对这些类别的某种特性进行排序的测量方式,叫作定序测量(ordinal measures)。

停一停,试一试

现在请就定类和定序测量各想一个例子吧。

1. 定类测量

_____

2. 定序测量

_____

有一种特定的定序测量，我们叫自比式测量(ipsative scales)。在这种定序测量里，每个类别只能出现一次，也就是不能有并列的情况出现。很多的定序测量都不符合这个条件，比如酒店的星级，当然全世界有很多的酒店同样是四星级，也有很多的酒店同样是五星级，因此酒店的星级就不是一种自比式测量。但假设某一个大学排名不允许并列，每个大学都独占一个名次，那么这种定序测量就是一种自比式测量。自比式测量有什么独特的作用呢？待会儿我们聊到测量所提供的信息量的时候，会有一个有趣的案例供你琢磨呢！

讨论了定序测量，接下来我们要聊的就是定距测量(interval measures)。定距测量除了把事物分类，并且给这些类别排序之外，它还需要确保相邻排名之间的距离相等。比如温度，我们可以作出 21℃、22℃、23℃的类别区分（定类），也可以说23℃高于22℃，22℃高于21℃（定序），除此以外，我们还可以说，22℃和21℃之间的距离等于23℃和22℃之间的距离，因此，温度就是一个定距测量。

在社会科学研究和市场调查研究中，定距测量是最常见的一种测量。请你看一看，以下的这类问题看上去是不是挺眼熟的？

停一停，试一试：请问你有没有回答过以下这类问题？

请你对以下陈述的同意程度打分，1 分代表"非常不同意"，5 分代表"非常同意"，分数越高，代表你越认同相关的陈述。

	1＝非常不同意	2＝比较不同意	3＝说不准	4＝比较同意	5＝非常同意
我乐于助人					
我做事可靠					
我容易紧张					
我有时害羞拘谨					
我做事有效率					

相信很多朋友都接触过类似这种按照同意程度打分的问题。这类问题采用的是测量人的态度和心理时最常用的量表之一——李克特量表(Likert scale)。简单来说，这种量表请人们就一系列的陈述用打分的方式表达自己的同意程度。

在一般的调查研究中，为了数据分析的方便，我们通常假设李克特量表是一种定距量表。也就是说，"比较不同意"和"非常不同意"之间的距离，被认为等同于"说不准"与"比较同意"之间的距离(见图 3.5)。其实仔细想一想,这样的做法也许是值得推敲的:前者是持相似立场,只不过程度有所差异;而后者是从中立状态转为倾向于一种立场。关于李克特量表以及其他常见的测量人的态度心理行为的量表形式,接下来在第 5 章关于问卷调查的部分我们还会做进一步的讨论。

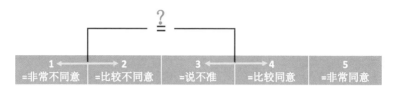

图 3.5　李克特量表

最后要跟大家介绍的是定比量表(ratio measures)。定比量表和定距量表的主要不同,是它有一个绝对零点。什么叫作绝对零点呢?就是具有实际意义,代表"没有"的零点。比如速度这个变量,当它的测量值为 0 的时候,就表示没有速度,是静止的;又比如年龄,当年龄为 0 的时候,我们可以说一个人还没出生所以也没有年龄。但是温度这个变量的零点就没有这种确定的实际意义了。当温度为 0 的时候,我们不能说没有温度,而且 0 摄氏度和 0 华氏度也是不同的,所以温度为 0 是一个相对的概念,不是绝对零点。

测量的信息量

现在我们来聊聊为什么要把这四个测量层次放在阶梯上:因为它们传达的信息量不一样。举个例子,假设我们想知道一个人的微信使用情况,请尝试分别给出定类、定序、定距和定比的测量方式。

停一停,试一试:测量微信使用情况

1. 定类测量方式:

　　_____

2. 定序测量方式:

　　_____

3. 定距测量方式:

　　_____

4. 定比测量方式:

　　_____

怎么样,你已经把答案写下来了么? 切记,在写下自己的答案之前不要往下读哦。

因为我们(故意)把问题问得相当宽泛,所以符合条件的测量方式很可能不止一种,下面是我们提出的一种方案。我们会针对这个具体的方案中,不同测量层次所提供的信息量进行讨论。请大家看完之后也尝试对自己提出的方案做类似的讨论。

微信使用情况的测量

1. 定类测量方式
   请问你是否使用微信?　　　(1)是　　(2)否

2. 定序测量方式
   请问你是否经常使用微信?
   (1)从不使用　(2)偶尔使用　(3)定期使用(4)经常使用

3. 定距测量方式
   请问你平均每天花多少分钟使用微信?
   (1)0—30分钟　(2)30—60分钟　(3)60—90分钟(以后依次类推)

4. 定比测量方式
   请问你平均每天花多长时间使用微信?　　_____分钟

现在能不能请你按照自己的实际情况回答以上这四个问题。回答完毕之后,请想象一下,如果一个研究者知道你针对以上第1题(即定类测量)的答案,他是否能够推测你对第2至4题的答案呢? 如果反过来,一个研究者了解你针对以上第4题(即定比测量)的答案,他是否能够以此来推测你对第1至3题的答案呢?

写到这里,不用我们多说,你可能已经感受到,从定类测量到定比测量的这四个测量层次,它们提供的信息量是层层递进的关系。如果你知道一个人针对更高层次的测量所提供的答案,那么你就可以推测他/她针对所有更低层次测量问题的答案了。比如,如果小明同学针对第4题的答案是"80分钟",那么我们可以推测,他针对第3题的答案应该是"(3)60—90分钟";针对第2题的答案应该是"(4)经常使用"[①];而针对第1题的答案是"(1)是"。反之,如果小强同学针对第1

---

① 当然60—90分钟是否可以算作是"经常使用"取决于我们研究的目标总体使用微信的状况,这一点需要通过"前测"来了解,详情请见第5章第2节关于选项设计和前测的讨论。

题选择了"(1)是",我们并不能凭借这个信息来比较有把握地推测他对其余三道题目的回答。

这时候,热爱思考的你可能又会提出另一个有趣的问题:如果更高层次的测量总是能够提供更多的信息量,那我们还要低层次的测量做什么? 全部都采用信息量最高的测量不是最有效率么?

这是一个非常好的问题。首先,有些变量本身的性质决定了它更适合某种测量层次。比如性别,如果我们讨论的是生理性别,而不是对某种性别的身份认同的话,那么最适合的测量方式就是"男""女"两分的定类测量方式。

其次,在某些情况下,不同层次的测量方式所提供的数据是独特而不可相互替代的。下面就让我们来一起讨论一个有趣的案例。

停一停、想一想:面试官的难题

假设你现在的工作是一个面试官,需要为自己的公司招纳人才。面试过程中,你打算让应聘人员回答一份问卷,下面的两类提问方式分别代表定序和定距的提问方式。请仔细阅读,然后告诉我们你觉得哪一种提问方式更好,为什么?

_____

_____

定序提问方式(自比式量表)

你觉得以下这两个特质,哪一个更能准确地形容你的工作风格?

1. 我擅长独立解决问题

2. 我擅长团队合作

定距提问方式

请你对以下陈述的同意程度打分,1 分代表"非常不同意",5 分代表"非常同意",分数越高,代表你越认同相关的陈述。

	1=非常不同意	2=比较不同意	3=说不准	4=比较同意	5=非常同意
我擅长独立解决问题					
我擅长团队合作					

作为面试官,你选择了哪一种提问方式呢? 为什么? 请一定确认你回答了以

上的问题之后再往下读哦！

如果就像之前我们讨论过的，根据一名被试在定距问题上的答案，我们就可以推测他对定序提问的答案。那么面试官的抉择难道不应该是很显而易见的么？当然是选择信息量更大的定距提问方式啦。

现在我们做一下角色转换，假设你不是面试官，而是前来应聘的被试，你面对这样一个问卷：是否该同意自己擅长独立解决问题呢？又是否该同意自己擅长团队合作呢？我们心里都清楚，这两个特质都是招聘单位所看重的，那要不要两个都填"5＝非常同意"呢？毕竟一个人两样都擅长也不是不可能的。

在这里，我们所提出的定距测量方式涉及一个社会期许答案（socially desirable response）的可能。所谓社会期许答案，就是针对某个问题，受访者知道对方期许或者赞许的答案是什么，并且以此为基准调整后做出回答。当这个答案与受访者本人的实际情况不符时，我们就说这个测量产生了社会期许偏差[1]（social desirability bias）。这是一个在问卷调查研究中很让人头疼的问题，就比如在上述例子中，应聘人员可能会倾向于夸大自己正面的特质，而否认负面的特质，那他们提供的回答有多大程度上靠得住就值得怀疑了[2]。我们接下来在第5章还会进一步讨论如何在问卷设计中尝试规避或者减少社会期许偏差的具体方法，现在，就让我们先点到为止。总之，在这道招聘题目上，定距的提问方式有引来社会期许答案的可能。

那定序的提问方式呢？我们看到，定序的提问方式让被试二选一，有点鱼与熊掌不能兼得的味道：就算你两个都擅长，也总有一个更擅长的，说说是哪一个吧。如果假设被试是倾向于给出社会期许答案的，那么这种提问方式就更能帮我们挖掘在其中一方面有相对优势的人才。但是，如果被试是能够客观地看待并且指出自己的优缺点的人，这种定序的提问方式就凸现出它的问题了：假设A两样都不擅长，但是在团队合作方面还稍微没那么差；而B两样都擅长，但是在团队合作方面更为优胜，那么他们两个人针对定序问题的答案都会是擅长团队合作。而相对的，他们针对定距问题的答案就会给我们提供更多的信息量，比如A针对两道选择题可能分别选择1和2，而B针对两道选择题可能分别选择4和5。

所以，测量层次之间没有绝对的孰优孰劣，要根据具体的研究情境和研究问

---

① 也译作社会期许偏误。

② 研究者发现，社会期许答案分为夸大正面特质和否认负面特质这两个方面，而不同的社会和个人因素会对这两个不同的方面有不同的影响。如果你有兴趣深入研究，请参考 He J，Van De Vijver F J，Espinosa A D，Abubakar A，Dimitrova R，Adams B G，… Villieux A. Socially desirable responding enhancement and denial in 20 countries[J]. Cross-Cultural Research，2015，49(3)：227－249.

题来作判断[①]。在本书的后面部分,特别是针对第 5 章问卷调查的内容中,我们还会尝试讨论更多的例子,敬请期待。

3.3 测量的方法

测量除了有不同的层次以外,还有不同的方法。假设你想要测量一个人的幽默程度,你会怎么做呢?

停一停,试一试:测量幽默程度

假设你接到一个任务,要为你们年级的中秋联欢晚会挑选一个最幽默的主持人。有五位同学主动请缨做主持人,你如何从他们中挑选出最幽默的人呢?请张开你想象的翅膀尽情发挥,不管你的答案多么的天马行空都没关系:

_____

_____

_____

好的,写下你自己满意的答案了么? 现在就让我们来一起以这个例子为基础,了解一下不同的测量方法。

自我报告方法

第一类的测量方法是所谓自我报告[②](self-report)的方法。比如我们可以问这些同学,你觉得自己幽默吗? 如果我们搜索一下关于幽默(humor)的文献,会发现一个现成可用的幽默感量表(humor orientation scale),里面有 17 个李克特量表问题/项目[③],让被试给出他对 17 个陈述的同意程度(如"当我讲笑话或者讲故事的时候,人们通常会被我逗乐")。

---

① 在有些情况下,我们也可以考虑使用交叉验证法(triangulation,详见下一节)。比如针对招聘的问题,有些研究者就建议结合使用定距和定序两种量表:Matthews G, Oddy K. Ipsative and normative scales in adjectival measurement of personality:Problems of bias and discrepancy[J]. International Journal of Selection and Assessment,1997,5(3):169－182.

② 也译作自我汇报。

③ Booth-Butterfield S, Booth-Butterfield M. Individual differences in the communication of humorous messages[J]. Southern Communication Journal,1991,56:205－218.

犀利的你读到这里大概已经猜到了，这种测量方式有招致社会期许答案的嫌疑。如果被试认为幽默感是一种被社会欣赏和推崇的特质，他们可能就会有意无意地让自己的回答更符合"做一个幽默的人"这一社会期许。我们希望我们的主持人是一个真的幽默、可以调动晚会气氛的人；而不是自以为幽默、狂讲冷笑话的人，看来自我报告式的问卷并不能保证帮我们避免后者，那我们该怎么办呢？

他人报告方法

现在让我们来看看第二类的测量方法，即他人报告[1]（other-report）的方法。这种方法和自我报告方法一样，还是请人来填答问卷，但问卷的填答者不再是被评估对象本人，而是对这个人有一定了解的人。比如在甄选幽默的主持人这件事情上，我们就可以让候选人的朋友、室友或者同班同学来填答一份他人报告版本的幽默量表，这个量表里还是同样的 17 个李克特量表项目，只是措辞稍有改变（如"当他/她讲笑话或者讲故事的时候，人们通常会被逗乐"）。

看起来，这样的测量似乎在一定程度上改善了自我报告方法中的社会期许答案的问题，不过这也不是绝对的。在操作上，这种他人报告的测量方法常常会请被评估人推荐 2—3 个朋友来对自己进行评估，如果被评估对象知道哪些人可能会认为自己更幽默，而特意挑选这些人来回答问卷呢？另外一个考虑是，其实一个人私下里跟朋友在一起的时候是否幽默，和他站在舞台上面对观众的时候是否幽默，也未必完全是一回事。

观察法

接下来我们就进入第三种测量方法：观察法（observation）。观察法不再依靠自我和他人来填答问卷，而是由受过训练的专家对被评估对象的行为进行观察和评判。它尤其常用于被评估对象没有能力填答问卷的情况（比如被评估对象是婴儿），或者被评估对象未必能客观准确地描述出调查研究者想要了解的内容时（比如父母与儿童互动时的交流风格）[2]。

在甄选主持人这个问题上，我们完全可以用观察法：让候选人站在台上讲个故事、说个笑话，看看效果如何。只不过相对于自我报告和他人报告的方法，这个办法

---

[1]　也译作他人汇报。

[2]　我们在最后一章中也会讲到，大数据的数据收集方式很多时候就是记录新媒体用户在网络平台上的发言、浏览、购物等行为，也是一种观察法。

要消耗多一点的人力和物力。而当我们的评估对象为婴儿时,如果我们用观察法来测量婴儿的相关发展,那研究者可能就要对每个婴儿的家庭进行登门拜访,这个过程中涉及相当多的烦琐事务,不说交通或者费用上的麻烦,光是协调时间一项就够让研究者头疼的(婴儿们很忙的,他们不是在睡觉、就是在吃奶,要不就是在换尿片……)。而他人报告的方式(即请家长来就婴儿的有关方面回答一些问题)可就省事多了,我们只需要把问卷寄给家长,等他们填好再寄回给我们就好了,当然这样做的话,我们就无法测量那些需要专业研究人员来作出判断和评估的内容。

确实没有一种测量方法是绝对完美的,我们要根据项目的具体情况来决定最合适的方法,或者我们可以在同一个项目中采用多种方法,让它们彼此取长补短,我们将这种方式叫作交叉验证法(triangulation)。比如在一个关于幽默的研究中①,就同时采用了上面提到的自我汇报、他人汇报和观察法三种方法呢!

回顾一下:测量幽默程度

现在回过头去看看你之前给出的测量幽默程度的方案,它是一种自我汇报、他人汇报、观察法还是其中两者或者三者的结合呢? 如果你对自己的方案相当满意,想要跟我们分享,或者你感觉自己的方案独树一帜,不属于我们这里讨论的任何一类方法/方法组合,欢迎给我们写邮件!

3.4　怎样评估一个测量的优劣?

在本章的最后,让我们简单聊一下如何评估一个测量的优劣。在调查研究中,我们主要从两个角度来评估一个测量,它们分别是信度和效度。

测量的信度

测量的信度(reliability),顾名思义,说的就是一个测量的结果是不是可信。一个测量的结果怎样就叫作可信呢? 这又需要从两个角度来判断。首先,我们想要知道这个测量的稳定性(stability)如何。当我们说一个人稳定可靠的时候,是什么意思呢? 无论世事时光如何改变,每当我们需要的时候,这个人都会伸出援

---

① Booth-Butterfield S, Booth-Butterfield M. Individual differences in the communication of humorous messages[J]. Southern Communication Journal, 1991, 56: 205－218.

手？测量的稳定性也有这个意思，就是同一个测量手段，针对同一个测量对象，它得到的结果应该是稳定一致的。比如说，用天平测量手机的重量，如果量 10 次得到的重量是一致的，那么测量工具（天平）就是稳定可靠的（当然前提是手机重量在测量期间没有改变）。我们可以用稳定率（stability coefficient）来量化一个测量的稳定程度。具体来说，我们可以做 n 次的测量，然后计算出这些测量中稳定一致的结果的比率。比如，用天平测量手机的重量，一共测量了 10 次，如果其中 9 次的结果是一致的，那么天平的稳定率就是 0.9 或者 90%。

如果是日常生活中对事物物理属性的简单测量，比如用尺子量长度，用秤称重量，通常情况下都能得到相当满意的稳定性。不过当我们进入对人类态度行为的测量，事情就开始变复杂了。

停一停，试一试：态度测量的稳定性

	1＝非常 不同意	2＝比较 不同意	3＝ 说不准	4＝比较 同意	5＝非常 同意
看电视对我来说是一天 中比较重要的一件事。	1	2	3	4	5

现在请尝试想象一下，如果一星期后的某天你再次看到这个问题，你有把握自己那时候的回答一定会是和这次的回答完全一致的么？为什么？

_____

_____

也许不少同学都会感觉没有把握在一星期后给出完全一致的答案，但这是为什么呢？不得不说，人类是让调查研究者爱恨交织的一种非常复杂的生物。当我们测量人类的态度思想行为的时候，测量结果里难免总会有一点误差（见图 3.6）。

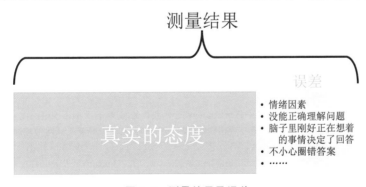

图 3.6 测量结果及误差

这个误差可能来源于我们填答问卷时的心情因素,也可能是因为我们对个别问题的理解有偏差,更窘的可能是因为我们自己一不小心圈错答案,还有可能是因为我们大脑中刚好活跃着的概念决定了我们的回答,但不同情况下大脑中活跃着的概念又可能会有差异。我们讨论的最后这个因素可能有点抽象难以理解,举个例子,如果回答是否同意"看电视对我来说是一天中比较重要的一件事"的时候,你脑子里刚好想着玩游戏和压马路,可能和这些事情相比,看电视也算蛮重要的,于是你就选择了 4 或者 5;而如果在回答这个问题的时候,你脑子里刚好想着上课或者陪男/女朋友,你可能就会选择 2 或者 3 了①。

总而言之,就这一道题目来说,它测量的稳定性很可能是无法跟一把尺子,或者一个体重秤媲美的。通常我们用一把尺子测量长度,要求测量 10 次的结果都完全一致,即稳定率要达到或者至少接近 100%。但对于一个测量态度的量表,70% 的稳定率就已经是可以接受的了。

这时候你心里可能有点打鼓,看起来影响测量稳定性的因素有不少,而且又很难避免,怎么才能达到 70% 的稳定率呢? 不要着急,接下来先请你再尝试回答几个问题。

停一停,试一试:态度测量的稳定性

	1=非常 不同意	2=比较 不同意	3= 说不准	4=比较 同意	5=非常 同意
看电视对我来说是一天中比较重要的一件事	1	2	3	4	5
如果我的电视机坏了,我会挺不习惯的	1	2	3	4	5
看电视是我生活中挺重要的一部分	1	2	3	4	5
几天不看电视对我来说不是什么难事	1	2	3	4	5
要是没有电视可看,我会有点不知所措	1	2	3	4	5

---

① 关于脑子里刚好想着,或者说刚好活跃着的概念对我们的态度、行为的影响这一点,其实还有好多有趣的东西可以说,就数据收集而言,有一种叫作"促发"(prime)的实验设计就是以此为理论基础发展出来的。如果有兴趣了解,请参考 Srull T K, Wyer R S. The role of category accessibility in the interpretation of information about persons:Some determinants and implications[J]. Journal of Personality and Social psychology,1979:37(10),1660—1672.

现在请尝试想象一下，如果一星期后的某天你再次看到这 5 个问题，你对这 5 个问题的答案的平均分会不会与此次答案的平均分接近呢？ 为什么？

_____

_____

通常情况下，调查研究者很少仅用一个问题来测量复杂的抽象概念。除了考虑到这个概念本身的多维度因素，还有就是对稳定性的考量。或者我们可以把测量比喻成一个竹筏。当只有一根竹子浮在水面上的时候，你可以想象它在大风大浪中颠簸的会有多厉害，可是如果我们把几根竹子绑在一起做成竹筏，它的稳定性就会好得多。比如我们之前举例提到过的五项人格测试，它就由多达 44 个问题组成。

不幸的是，多个问题虽然可以提高测量的稳定性，但却也带来一个新的问题，那就是测量的内部一致性（internal consistency）——这么多不同的问题，测量的真的是同一个概念么？ 为了解决这一疑问，研究者们建立了各种关于内部一致性的标准，其中一个最常用的标准，就是克朗巴哈 α 系数（Cronbach's Alpha）。这个系数有多重要呢？ 只要调查研究中有一个概念是由三个或以上问题来测量的，那么研究者通常要在研究报告中给出这个测量的克朗巴哈 α 系数。关于克朗巴哈 α 系数的具体计算方法已经超越了本书的范围[①]，简单来说，它考察的是人们对同一个量表内，各个问题的回答之间的一致性，它的计算基于这样的基本理念：如果这些问题测的是同一个概念，那对一个题目的回答应该与对另一个题目的回答高度相关。克朗巴哈 α 系数的值介于 0—1 之间，值越大代表测量的内部一致性越高，通常我们认为大于等于 0.70 的克朗巴哈 α 系数值是可以接受的。

综上所述，当我们考量一个测量的信度如何时，我们主要看两个方面：一是这个测量的结果是否稳定；二是看当这个测量里包含多个问题的时候，这些问题之间是否具有内部一致性。

看起来高信度也不是轻易就能够达成的，但是，当一个测量具有高信度的时候，我们是否就可以说它是一个成功的测量呢？

---

① 有兴趣了解的同学请参考本章延伸阅读——柯惠新、王锡苓和王宁编著的《传播研究方法》（中国传媒大学出版社）第二章。

停一停，想一想：信度高的测量就是成功的测量吗？

如果有一个测量，它既稳定，又有很高的内部一致性，我们可以肯定地说它是一个好的测量吗？为什么？

_____

_____

_____

请一定在写下自己的答案，或者至少写下一些有关的思考之后，再阅读我们接下来对测量效度的讨论。关于测量的评估，学界也是经历过相当多的探索才产生了这些系统的知识。对于这些知识，被动的阅读接纳是一种学习方式，但如果我们可以趁自己的大脑还没有被这些已知的成果"侵蚀"之前，好好地先跟"尚未到达这里"的前人一样，自主思考摸索一番，待掀开答案的时候一定会有更深刻的感悟。

测量的效度

想必你已经猜到了，信度高的测量不一定是成功的测量。否则这一章写到上一节就该结束了。对一个量表来说，仅仅信度高是远远不够的，不过为什么不够呢？信度高的测量还可能会有哪些缺陷呢？

不知道你有没有看过这样一幅漫画，两个小姑娘围着一个体重秤一幅百思不得其解的样子。其中一个小姑娘站在秤上说："你看，这根本就不会疼嘛！"另一个小姑娘则显得很诧异："那为什么妈妈每次站上去的时候都哭呢？"

你大概猜到了，这两个小女孩的妈妈可能是嫌自己太胖，因此每次上秤都很郁闷。假设妈妈有一天挪动了一下这个称，不小心没放平，以至于零点从 0 变为 $-5kg$，从此以后，妈妈站上去之后看到的数字，都比她的实际体重低 5kg，那她很可能就美美地笑而不是哭了。

再假设如果小女孩们的妈妈在未来一周内体重没有发生变化，她在这一周内每次上秤都会看到同一个数字，因此我们可以说这个测量的信度[①]是高的。但我们会说这个没放好的"体重秤"是准确的吗？恐怕不会吧？因为它并没有把妈妈真正想知道的信息，即她的真实体重告诉她。或者换句话说，这个测量的效度是低的。

---

① 留意到这个测量（体重秤）并没有内部一致性的问题，所以只要稳定性高，我们就可以说它是一个信度高的测量。

测量的效度（validity）简单来讲是关心一个测量方法是否测到了我们真正想要测的东西。听起来有点拗口对不对？其实内里的含义很简单，比如一个体重秤，如果它能准确地测量我们的体重，那它的效度就高；又比如一把尺子，如果它能准确地测量长度，那它的效度就高。读到这里，你可能难免要开始打瞌睡了，原来卖了这么半天关子，我们讨论的竟然是如此不言自明的道理：体重秤如果不称体重，那还能叫作体重秤么?!

你知道吗？这是一个非常好的问题！的确，在研究（复杂又有趣的）人和人所组成的社会的时候，我们真的是要时刻警惕"一个体重秤却不称体重"的情况出现。比如我们之前举的幽默感的例子，如果有一个幽默量表让人们给出自己的幽默程度，那可能得到的不是一个人真正的幽默程度，而是他/她希望或者以为自己幽默的程度。又比如一个特定的考试是否能够很好地测量学生们的学习能力呢？如果一个考试的目的是测试学生的学习能力，但是在这个考试中成绩高的同学真正的学习能力却不强，那我们就会说，这个考试的效度是低的。效度低的测量是可能存在的，而且还可能对我们的生活有深远的影响①！

在后面的章节里，我们还会接触更多的具体研究的例子，聊到在这些研究中测量的信度和效度的问题。现在先让我们尝试简单总结并比较一下这两个测量的评价指标。我们可以把想要测量的概念想象成一个靶子的靶心（见图 3.7）。假设你一共做了 5 次测量（也就是打了 5 次靶），请尝试在图中画出 A，B，C 三种情况下 5 次打靶分别会命中靶面上的哪些地方。

停一停，试一试：你能在以下的三幅图中分别画出相应的"打靶"结果么？

A.信度高但效度低的测量　　B.信度高且效度高的测量　　　C.信度低且效度低的测量

图 3.7　测量的"打靶"结果（空白）

---

① 如果对考试和其他的教育类测量特别感兴趣，想了解更多的话，请参考有关的学术期刊，如《教育测量：问题与实践》(Educational Measurement：Issues and Practice)

怎么样,画好了么?先想想看,刚才那个没放好的秤应该是哪一种情况?应该是 A 对不对?也就是说我们 5 次打靶都打在同一个地方,但这个地方却不是靶心!而 B 应该是最简单也最完美的状况,5 次都命中靶心。C 则是最纠结的,不光效度低,连信度也低起来了,所以 5 次打靶应该分别打在不同的地方,而且也没能命中靶心(见图 3.8)。

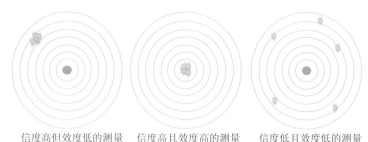

信度高但效度低的测量　　信度高且效度高的测量　　信度低且效度低的测量

图 3.8　测量的"打靶"结果

测量效度的评估比信度的评估更复杂,在有限的篇幅里,让我们简单讲讲三个比较常见的效度指标:表面效度、预测效度和同时效度。

表面效度(face validity),顾名思义就是:这个测量看上去怎么样?也就是说,在考察表面效度的时候,我们就看看一个测量具体是怎么做的,不用什么数据,主观地判断一下这个测量究竟能否测得我们想要测的东西。你可能会觉得这听上去傻乎乎的,至少不怎么科学。但是,千万别小看表面效度这个标准。其实有多少时候,人们是在没有真正看过一个测量的具体方法之前,就采信了测量结果的呢?比如我们之前提到的米其林餐厅,有多少慕名去米其林餐厅吃饭的人能说得上来它具体的评级标准呢?

接下来,让我们讲讲稍微复杂一点的预测效度(predictive validity)。不知道你听说过托福考试吗?这是一种旨在测试国际学生英语理解和表达能力的考试。所以,它的成绩应该能够"预测"一个国际学生日后在一个英语国家中用英语与当地人沟通时的表现:成绩高的学生表现好一些,成绩低的学生就表现差一些。如果托福考试真的能够做到这一点,那么它就是一个预测效度高的测量。

最后,让我们聊一聊同时效度(concurrent validity)。和预测效度一样,同时效度也是采用一些具体的、确认有效的标准,或者说效标(criterion)来衡量测量的优劣。与预测效度不同的是,同时效度的这个标准不是发生在未来,而是发生在现在。比如,假设我们已经认同托福考试是一个高效度的英语能力测量工具了,现在出现了另外一种叫作"福托"的英语能力测试,号称可以用更少的题目做出准确的测量，为了考察这个新的测量工具是否具有同时效度，我们可以请一组人同时完成托福和"福托"两个考试，看看两者的成绩是否高度相关。如果托福成绩高的人，"福托"成绩也高，那么我们就可以说"福托"考试的同时效度得到了验证。

在同时效度里，有一个挺特别也挺符合直觉的方法，叫作已知群组方法（known-group method）。这个方法是什么意思呢？假设已知有 A 和 B 两组人，他们的英语水平是不同的，A 组明显高于 B 组。那么就可以通过让这两组人参加"福托"考试来考察此考试的同时效度。如果发现 A 组的成绩不但没有高于 B 组，反而比 B 组要低，那么我们就可以说"福托"考试的同时效度是低的。再举一个例子，怎样用已知群组方法测试一个卡拉 OK 打分系统的同时效度呢？如果它给一位歌神级人物＿＿＿＿＿＿（此处请填写你心目中的歌神一枚）打了个比歌渣级人物＿＿＿＿＿＿（此处请填写你心目中的歌渣一枚）更低的分数，我们就可以说它缺乏同时效度。

关于效度的讨论我们暂时就进行到这里[①]，希望以上的讨论能够帮助你把一个理念扎根心底：一个宣称测量某概念的测量，其实未必真的准确有效地测量了这个概念，我们一定要细心明辨。

虽然一个具体的测量永远无法等同于它所指代的抽象概念，但为了实证研究的必要，测量是我们收集数据时必须要经历的步骤。对科学理念和研究方法的探讨，可以帮助我们审慎地选择测量手段，并且清醒地了解自己的选择背后不可避免的局限。

延伸阅读：

[1]柯惠新,王锡苓,王宁. 传播研究方法[M]. 北京:中国传媒大学出版社,2010.

[2] Gould S J. The mis-measure of man [M].New York：Norton & Company，1996.

[3] He J，Van De Vijver F J，Espinosa A D，Abubakar A，Dimitrova R，Adams B G，…Villieux A. Socially desirable responding enhancement and denial in 20 countries[J]. Cross-Cultural Research，2015，49(3)：227－249.

[4]Kiousis S. Interactivity：a concept explication[J]. New Media & Society，2002，4(3)：355－383.

[5]Lang A. Measuring psychological responses to media messages[M]. New

---

[①] 度量效度的标准并不限于我们介绍的这几个。如果想要进一步了解，请参考本章延伸阅读《传播研究方法》第二章。

York：Routledge，2014.

[6]Lapinski M K，Rimal R N. An Explication of Social Norms[J]. Communication Theory，2005，15：127—147.

关键词：

定类测量（nominal measures）

定序测量（ordinal measures）

自比式测量（ipsative measures）

定距测量（interval measures）

定比测量（ratio measures）

李克特量表（Likert scale）

社会期许答案（socially desirable response）

社会期许偏差（social desirability bias）

自我汇报（self-report）

他人汇报（other-report）

观察法（observation）

信度（reliability）

稳定性（stability）

稳定率（stability coefficient）

内部一致性（internal consistency）

效度（validity）

表面效度（face validity）

预测效度（predictive validity）

同时效度（concurrent validity）

效标（criterion）

已知群组方法（known-group method）

交叉验证法（triangulation）

思考题：

你能想到多少种方法来测量一个人是否快乐呢？每种方法的优势和劣势又各是什么呢？

（答案请参考 Diener E，Diener C. Most people are happy[J]. Psychological Science，1996，7(3)：181—185. 文中介绍了四种测量"快乐"程度的方法）

第4章　抽样设计

　　某调查公司新近发布了一项调查报告,阐述各大公司的老总对应届毕业生的要求和期待。关于这项报告,我们首先最应该要关心的是什么? 老总们对我们的具体要求是什么? 哪些能力最被看重? 哪些能力则被认为即使欠缺也可以日后慢慢培养? 一共有多少个老总接受了采访? 哪些行业的老总接受了采访? 这些问题毋庸置疑都有它们的价值,但决定这个报告究竟是否值得我们参考的第一个基本问题是:报告中所调查的老总们是否能够"代表"我们目标行业的所有老总,或者换句话说,报告中表达的要求是否具有代表性。

　　现实中这样的问题相当多,我们希望了解某个群体的观点和看法,但却因为各种原因而无法逐一研究这个群体中的每一位成员。于是,我们选择性地调查他们中的一部分人,而怎样才能让这一部分人很好地"代表"我们想要了解的这个群体中的所有人呢,这就是抽样中的核心问题。

4.1　抽样中的基本概念

什么是抽样

　　所谓抽样,简单来说,就是抽取一部分人或事物来代表所有我们想要了解的人或事物的过程。很多时候,我们想要了解,或者说想要研究的是一个很大的群体,比如全体中国网民;又比如十年来的所有电视节目。这些群体或内容是如此的庞大以至于我们很难去接触到其中的每一个个体,于是,我们从中抽取一部分来做代表。通过研究这些抽取出来的代表,我们希望可以提出关于全体的一些结论和判断。在这里,我们感兴趣且想要去了解的全体人或事物,就叫作目标总体;被抽取出来代表目标总体的部分人或事物,就叫作样本;而从总体中抽取样本的过程,就叫作抽样。

核心概念一览(一)

➢ 目标总体(population)

我们想要了解的全部人或事物。比如某个大学的全部本科生,比如某份报纸的所有文章。

➢ 普查(census)

如果我们调查研究总体里的每一个个体成员,这种做法叫作普查。

➢ 样本(sample)

当我们调查研究总体里的一部分个体成员,用这一部分个体成员来代表总体。这一部分用来代表总体的个体成员,就叫作样本。

➢ 抽样(sampling)

从总体里抽取一部分个体成员来代表总体的过程,就叫作抽样。

接下来,我们就聊一聊有关抽样的方方面面。在正式开始之前,我们必须先提前预告一下,这一章的内容会涉及很多的技术细节,你可能会觉得有一点无聊。但是,这些技术细节可以帮助我们解决很多重要的或者有趣的现实问题,当我们以自己感兴趣的具体现实问题为出发点去考量这些技术细节的时候,它们可能就变得更有魅力一些了。所以现在让我们先一起看一个有趣的现实问题吧。

每年的大年三十,你会看春节联欢晚会(简称春晚)么? 你对春晚的节目还满意么? 2010 年的春晚过后,央视市场研究股份有限公司(CTR)宣布,他们通过电话进行问卷调查的数据显示有 81.6% 的受众对这次的春晚表示满意。而与之形成鲜明对比的是某浪网在其门户网站上做的调查,结果显示只有 15.2% 的受众是满意的。这两个大相迥异的数字形成了鲜明的对比,在社会上引发了激烈的争论。那么作为普通观众的我们,究竟应该相信哪个调查结果才好呢?

停一停,想一想

在 CTR(81.6% 满意)和某浪网(15.2% 满意)的两个结果中,你会选择相信哪个调查结果,为什么?

_____

_____

_____

_____

抽样中的关键问题

  填好你对以上问题的有关思考了么？在本章的最后,我们会重新回到这个问题,尝试运用在本章中学到的新知识对它进行探讨。我们接下来聊到的知识会帮助你有理有据地探讨以上问题,期待么？那我们出发吧!

  首先,让我们先一起来思考一个问题:在抽样过程中,什么才是我们最重要的考量呢？如果不能调查全部的人,那么我们是不是应该调查尽可能多的人,以期更好地代表总体呢？换句话说,样本的大小是不是我们在抽样过程中最重要的考量呢？

  在抽样调查的历史上,有一个经典的例子可以帮助我们思考和回答这个问题。1936 年的美国总统大选,候选人分别是莫斯曼·兰登和富兰克林·罗斯福。当时美国一份颇有名气的杂志《文摘》(Literacy Digest) 雄心勃勃地想要通过我们现在很熟悉的民意调查来预测结果。为了调查尽可能多的人,《文摘》团队不仅发放问卷给自己的读者,还通过电话号码登记册和车牌登记册发出问卷,最后,他们发出了大约 1000 万份的问卷。大约四分之一的人,也就是超过 200 万的被访者在收到问卷后作出了回复,这在今天的市场/民意调查机构看来,真的是一个相当庞大的样本量。根据这个数量惊人的大样本,《文摘》做出预测:兰登会得到 55% 的选票从而赢得大选。《文摘》对自己的预测相当有信心,可实际的竞选结果却让他们大跌眼镜:罗斯福最终以 61% 的选票赢得了大选。《文摘》的预测失败引起了学界的极大兴趣,如此之大的样本都未能准确预测大选的结果,究竟是哪里出了错呢？

  在《文摘》的预测惨败的同时,一间当时还默默无闻的小调查机构盖洛普(Gallup)却以仅 5 万人的样本成功地预测了罗斯福的当选。时至今日,我们看到的专业民意调查机构所作出的美国大选预测结果常常是相当准确的(见表 4.1),而它们选用的样本量通常不会超过 2000 人 (p. 91,Wimmer & Dominick,2013)。

  那么问题来了,为什么如今基于不到 2000 人的预测结果就可以如此准确,而当年《文摘》基于 200 多万人的预测竟然会有这么大的误差呢？在之前的段落中,我们简单地介绍了《文摘》团队收集样本的方法,请根据这些信息,尝试分析一下究竟是哪里出了错(请在继续往下读之前写下你的答案)。

表 4.1　2008 年美国大选：实际投票结果和调查预测结果对比

数据来源	Obama 得到的选票(%)	McCain 得到的选票(%)
实际投票结果	53	46
ABC 预测	53	43
CNN 预测	53	45
CBS 新闻预测	51	39
Fox 新闻预测	49	40
Gallup 预测	45	38

停一停，想一想

请根据以上我们提供的信息，尝试分析一下为什么《文摘》的预测会失败？

_____

_____

_____

_____

　　《文摘》的预测失败也颇让当时的学者琢磨了一阵子，引发了有关的研究和讨论。研究发现，1936 年的美国正在经历着经济大萧条，并不是每个人都有足够的闲钱订购一份杂志，也不是每个家庭都能够买得起车辆或者固定电话。在这样的大环境下，《文摘》的抽样方法让它的样本向那些相对富裕的阶层倾斜，而无法涵盖那些经济状况相对较差的人群。事后的调查显示，在那些没有收到《文摘》问卷的人中，有 71% 都把票投给了罗斯福（Squire[①]，1988），可显然他们的意见都无法反映在《文摘》的调查结果中。

　　简而言之，《文摘》调查的被访者不能代表全体选民，那些没车没电话又没订这份杂志的人被漏掉了，样本出现了严重的系统偏差[②]。对于一个样本来说最重

[①]　Squire P. Why the 1936 Literary Digest poll failed[J]. Public Opinion Quarterly, 1988，52(1)：125－133.

[②]　"系统误差"或"系统偏差"是指样本在某个或某些重要的指标(或因素)上产生了偏差。例如在做消费方面的调查时，样本中低收入者(或高收入者)偏多，或是女性(或男性)偏多等，这样都会造成最后的样本估计值偏高或偏低。与不可避免的随机误差(可以估算并可在统计设计中加以控制的误差)不同，"系统误差"或"系统偏差"是由于人为的差错造成的，应当尽量避免。

要的特质,是它能否代表自己想要代表的群体,也就是它是否具有代表性。样本超级大也未必就能够保证它的代表性,在存在系统偏差的情况下,样本量越大反而有可能导致越大的偏差产生。那我们究竟要怎样做,才能保证一个样本有代表性呢?

样本的代表性

在详细讨论这个问题之前,让我们先做一个小思考题。如果你需要抽取一部分同学来代表全校同学,你会怎么抽取呢? 一定要把答案写下来再往后看哦。

停一停,想一想

请问你会如何抽取一个样本来代表全校同学呢?请先在这里写下具体的方案或者一些有关的思考,然后再往下看。

_____

_____

_____

_____

写好你的方案了么? 在讨论你的方案之前,让我们先评价以下三个例子中的样本①。

样本1

研究目的:了解城市 A 居民的网络使用习惯
总体:40%的男性;30%的资深网民;20%有宠物
样本1:80%的男性;30%的资深网民;20%有宠物
样本 1 的情况如上,你觉得它对总体的代表性如何?

_____

接下来,让我们来看另一个样本。

---

① 以下例子得到香港城市大学媒体与传播系副教授沈菲老师的启发,特此感谢。

样本 2

　　研究目的：了解城市 A 居民的网络使用习惯
　　总体：40％的男性；30％的资深网民；20％有宠物
　　样本 2：40％的男性；30％的资深网民；60％有宠物
样本 2 的情况如上，你觉得和样本 1 相比，它的代表性是提高了还是降低了？

　　如果我们把样本 1 和总体的组成相比，我们会发现它有和总体相同的"资深网民"比例，而"宠物饲养者"的比例也一样，唯一有区别的，是样本中男性的比重，要远远大于总体中男性的比重。而考虑到男性和女性在网络使用习惯上的可能差异，样本 1 很可能缺乏对总体的代表性。而相对而言，样本 2 有和总体相仿的男女比例，也有相同比例的"资深网民"，唯一不同的是，它所包含的"宠物饲养者"比例要远远高过总体。如果需要在样本 1 和样本 2 两者之中，选择一个作为你的样本，你会选择哪一个呢？

　　我们可能会倾向于选择样本 2 对不对？因为是否养宠物似乎和我们的研究目的关系不大。事实上，如果我们设计一个问卷来询问大众的网络使用习惯，我们可能根本不会在问卷中提出"是否饲养宠物"这样的问题。

　　接下来再看一看，如果我们的研究目的发生了变化（见下），样本 2 的代表性是否还能被我们所接受呢？

样本 2

　　研究目的：了解城市 A 居民访问宠物网站的情况
　　总体：40％的男性；30％的资深网民；20％有宠物
　　样本 2：40％的男性；30％的资深网民；60％有宠物
根据以上的信息，请判断样本 2 是否具有代表性呢？

　　很显然，当研究的目的不再是宽泛的网络使用习惯，而细化到对宠物网站的访问情况，一个人"是否拥有宠物"就成了一个我们不得不考虑的核心因素。如果我们的样本在这个因素上和总体有巨大的差异，那这个样本显然是不能被采纳的。

　　看完这三个例子之后，再回忆一下刚才你做的练习吧。我们该如何抽取一个样本来代表全系同学呢？答案是,这取决于我们的研究目的,取决于我们为什么要抽取这个样本。我们的研究目的决定了我们的样本需要在哪些方面和总体保持一致。比如,如果我们抽取全校同学的样本,是为了了解他们对学校教学质量的满意程度,那么就应该特别留意样本中不同专业的学生的比例是否与总体一致;如果我们抽取样本是为了了解同学们对学校食堂餐饮的满意程度,那我们可能要确保来自不同地域(和习惯不同菜系)的同学都在样本中有相应的发言权。所以,在开始思考具体的抽样方案之前,我们第一需要明确的,就是我们的研究目的。

在确定研究目的之后,我们要如何具体操作来保证样本的代表性呢？别着急,我们很快就要跟你一一悉数具体的抽样方法了。在这之前,让我们再来了解一些概念。

核心概念一览(二)

➢ 代表性(representativeness)

我们的样本多大程度上能够代表我们的目标总体。

➢ 可推广性(generalizability)

我们关于样本的结论多大程度上能够推广到我们的目标总体。这是一个和代表性息息相关的概念,如果一个样本能够代表它的目标总体,那么基于这个样本的结论自然就可以被推广到目标总体。

➢ 抽样单位/单元(sampling units)

我们抽取样本的时候所使用的单位/单元。比如如果我们是一个人一个人的抽取样本,那么我们的抽样单位自然就是个人。不过抽样单位不一定是我们所研究的个体,也可能是这些个体的互不重叠的集合,比如在一次抽样中,我们可能会先抽取城市,再抽取街道,然后抽取家庭,最后才抽取家庭中的个人。在这个例子里,城市、街道、家庭和个人都是我们的抽样单位,它们从大到小依次被称为一级单元到四级单元(详见第3节关于多级抽样的讨论)。

➢ 抽样框(sampling frame)

是指总体中所有抽样单元的一个完整名单。因为我们可以从中抽取样本,所以有时也被称为样本框。它可能是某个学校全体学生的名单,也可能是某个城市所有居委会的名单。理想状况下,总体中所有抽样单元都应该在抽样框中有一个相应的编号,既不应该重复,也不应该遗漏。

抽样框是一个相当有趣也相当复杂的概念。特别需要我们留意的是,理想的抽样框常常并不存在或者非常难以获取。为什么这么说?试想如果你的目标总体是所有生活在城市 A 的人,你是否一定能找到这样一个列表,里面包含你的目标总体中的每一个人呢?如果你的目标总体是全体中国网民,你又要如何找到包含每一个网民的这样一个列表呢?所以,当我们从一个抽样框中抽取样本的时候,要特别留意目标总体和抽样框之间的差距,也就是目标总体和抽样总体①之间的差距。

➤ 抽样总体(sampling population)

我们从中抽取样本的全部个体的总和,它是一个相对于"目标总体"的概念。目标总体是我们"想要了解的"全部个体的总和,而抽样总体是"有可能被抽到的"全部个体的总和。理想的状况下,我们的抽样总体和目标总体应该完全一致。但现实中,抽样总体常常并不能包括目标总体的全体成员(见图 4.1)。

➤ 样本量(sample size)

简而言之,样本中所包含的个体的数量,就叫作样本量。

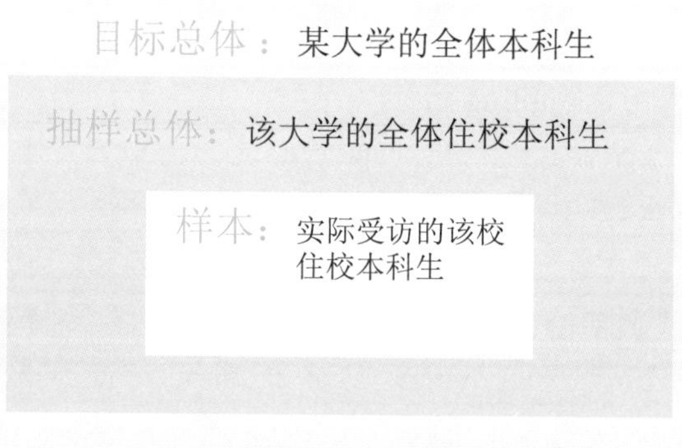

目标总体:某大学的全体本科生

抽样总体:该大学的全体住校本科生

样本:实际受访的该校住校本科生

图 4.1 样本、抽样总体和目标总体

在图 4.1 的例子里,如果我们的目标总体是某大学的全体本科生,然而我们是通过抽取宿舍的方法来选取受访者,那么实际上我们能够访问到的就只有住在

---

① 目标总体和抽样总体是两个高度相关,但并不完全重叠的概念。对于那些不需要依赖抽样框的抽样方法(详见本章第 3 节),我们一样需要警惕抽样总体和目标总体的差异。

学校的本科生,也就是说,那些因为实习或者家在学校附近而没有住校的同学,就无法包含在我们的抽样总体里了。

为什么要随机

好,现在我们要开始一个一个地介绍具体的抽样方法,我们会分两大类来介绍抽样方法:一类是随机抽样方法,即概率抽样方法(probability sampling);而另一类是非随机抽样方法,即非概率抽样方法(non-probability sampling)。看名称就知道,这两大类抽样方法的根本区别,就是抽样的过程是否随机(random),也就是抽样的过程是否能够成功地排除任何人为的干涉。如果一个抽样过程是随机的,那么我们应该无法人为地去决定一个具体的个体究竟能否被抽中;当然,我们也就无法在抽样完成之前就预知一个具体的个体是否会成为我们的样本成员。

停一停,试一试

请尝试从以下6人总体中抽取出一个样本量为3的样本,并简单描述你抽取的过程:

_____

(请一定在尝试这个练习之后再继续往下读哦。)

1. 谢小龙　　　4. 姚大兔
2. 王小马　　　5. 刘大猫
3. 张小牛　　　6. 王大虎

如果你比较喜欢“小”,因此选择了名字中有“小”字的1、2、3号候选人,这就是人为干涉了;又或者如果你比较喜欢食草动物,因此选择了名字中分别有“马”,“牛”和“兔”的2、3、4号候选人,这也是人为干涉。怎么办呢,究竟哪些方法可以用来避免人们的主观意愿、主观喜好对抽样结果产生的有意无意的影响呢?

其实很简单,我们可以掷硬币,让硬币的正反面来决定某个人是否能被选为我们的样本;也可以把6个名字放进抽奖箱里闭上眼睛抽取。这里再跟你介绍一个在学术研究里比较常用的、简单易行的工具,叫作乱数表,或是随机数字表(random number table,见图4.2)。它由一系列不依据任何规律和模式排列的数字组成。因为没有规律或模式可循,我们是无法预测在这个数字表中的某个特定位置会出现什么数字的:任何数字都有可能出现且任何数字出现的可能性都是一样的。这样一个随机数字表是怎样生成的呢？它是将 0—9 的 10 个自然数,按编码位数的要求(如两位一组,三位一组,五位甚至十位一组),利用特制的摇码器自动逐个摇出的,或用计算机生成的。特别需要强调的是,在这样一个随机数字表中,任何数字或者号码的出现,都有同等的可能性。

你可以参考有关的统计学教科书,也可以尝试上网搜索随机数字表。等你拿到一个随机数字表之后,怎样使用它呢？你可以闭上眼睛随意把手落在这个表格上,来确定起始点,然后……起始点确定之后,我是该继续从左往右,还是从上往下挑选号码呢？

哈哈,答案是,这些在我们确定起点之后才诞生的方案全部都不对,因为如果我们看着起点再决定下一步怎么走,我们就知道我们的决定会如何具体地影响样本。我们会知道,如果从起点开始向左走会选中谁,而向右走又会选中谁,这样的话,我们的个人偏好就有可能会影响到抽样的结果。

因此,我们一定要在起始点确定之前就制定好全盘的计划,比如从起始点出发后我们要怎样移动(向左,向右,向上还是向下);如果出现不合用的号码(比如数值超过我们的选项范围;比如数值指向已经被选择了的样本)时,我们要如何跳过等。待这些步骤都已经得到明确规定后,我们才可以开始使用这个乱数表抽取样本,这样我们才能保证,我们对这 6 个候选人的个人偏好不会影响到最后的抽样结果。

比如我们决定,在起始点开始,一直从左向右选择数字,如果遇到不合用的号码,我们就跳过它继续向右走,当走到每一行的尽头之后,我们就回到下一行的最左端,继续从左向右选择数字。现在让我们尝试按照这套规则,用图 4.2 的随机数字表来抽取我们需要的 3 个个体。

```
15838  47174  76866
14330  99982  27601
69027  53892  18795

51824  51074  81256
26003  41538  62686
44711  80871  32792
```

图 4.2　随机数字表

首先,让我们随机地选一个起始点:闭上眼睛用手点下去,点到哪就从哪开始。假设这一次随机点到的起始点是第一行的最左端的第一个数字,按照以上的规则,我们抽中的个体是哪几个呢？一定要自己尝试一下再往下看答案哦。

停一停,试一试

请尝试用图4.2的随机数字表和按照以上的规则从6人总体中抽取出一个样本量为3人的样本

1. 谢小龙   4. 姚大兔
2. 王小马   5. 刘大猫
3. 张小牛   6. 王大虎

对的,你从左到右看到的数字分别是1、5、8、3,因此抽到的成员应该依次是1号谢小龙,5号刘大猫,以及3号张小牛。第三个出现的数字8因为超过抽样框的数字域值(即1至6)而被跳过了。现在,请想象一下,如果你再闭上眼睛,重新确定一遍起点,你还会得到一样的样本么?可能会,也可能不会,但是可以确定的是,我们谁也不能预测结果,就像我们掷硬币之前并不知道硬币最后会是哪一面朝上一样[1]。

聊到这里,想必你已经对什么是随机有了比较明确的认识。但是,为什么随机被认为是如此重要的事情,以至于我们对抽样方法进行分类的时候,会把它作为最核心的分类标准呢?其实随机的意义,说到底就是它可以保证总体中的每一个个体被抽中的机会或者说可能性[统计学家们称之为概率(probability)]是已知的,其中最常见的情况是均等的[2],即等概率抽样。比如如果我们用抽奖箱、扔硬币或者乱数表的方法来从以上的6个人中挑选3个人,他们每一个人被选中的概率都是一样的。

纵览各式各样的抽样方法,大致可以分为两大类,一类是以随机抽取为基础的概率抽样方法(probability sampling),另一类就是不符合随机原则的非概率抽样方法(non-probability sampling)。这两者的区别对抽样结果而言非常重要,因为前者得到的样本通常比后者有更好的代表性,可以用于对总体做统计推断。接

---

① 这里需要特别说明的是,虽然每次抽取样本的结果都可能是不同的;但是所有结果的分布是有规律可循的。这就好像虽然我们每一次掷硬币之前都不知道哪一面会朝上,但是我们知道如果我们掷无数次,那么结果的分布中,每一面朝上的次数应该都占总次数的一半左右。如果对有关的话题有兴趣想要进一步探讨,请参考本章延伸阅读《调查研究中的统计分析法》中第四章的"抽样分布"部分。

② 在有些情况下,出于研究需要,总体中每个个体被抽中的概率并不均等。举个例子,假如我们的目标总体中男性和女性的比例是1:2,但出于研究需要,我们希望抽到的样本中男女各半,这样的话,就要采用不等概率抽样的方法,使男性被抽中的概率是女性的2倍。不过,从另外一个角度看,在这个例子中,只要我们选取了随机抽样的办法,那么所有的女性相互比较的话,她们每个人被抽中的概率还是均等的;而同样的,所有的男性相互比较的话,他们每个人被抽中的概率也还是均等的。

下来我们就分这两大类来一一细数常见的抽样方法吧。

4.2　非概率抽样方法

方便抽样

方便抽样(convenient sampling),简而言之,就是研究者根据方便和可行程度来选择样本。比如对于同学们来说,如果你有一份问卷需要填答,可能最方便的办法之一,就是让宿舍室友或者同班同学帮忙填一下,这样的做法,就叫作方便抽样。我们把方便抽样的适用条件和优缺点整理在以下的表 4.2 中供你参考,接下来每一个抽样方法我们都会提供这样一个表格。

表 4.2　方便抽样

适用条件	通常研究者在其他方法都不可行的时候,才会考虑选取方便抽样的办法
优点	1. 不需要抽样框 2. 比其他的抽样方法更方便快捷
缺点	抽到的样本通常不具有代表性,不能把结论推广到总体

自发性回应抽样

所谓自发性回应抽样(volunteer sampling),就是由被访人自发自愿进入样本的抽样过程。比如很多摆放在网页上的调查都是这样,由看到的用户自愿决定是否参加。当自愿参加和非自愿参加调查的被访者有系统性的差异的时候,我们就要特别小心此类样本的代表性和可推广性。让我们一起来看看下面这个例子吧。

停一停,看一看

美国专栏作家蓝德丝在杂志上刊登了一个问题,询问已有孩子的读者:

"如果可以重来一次,你会要孩子吗?"

她收到了近 10,000 份答复,几乎有 **70%的人**说**"不要!"**同时附上了很多令人心碎的故事,他们的孩子是如何折磨父母的……

这个调查的对象是该杂志的父母读者,方法是在杂志上刊登问卷,自愿参加调查的读者可以把问卷填好寄回,也就是我们所说的"自发性回应样本"。

一周之后,美国《每日新闻》在其全美专业性的电话随机抽样调查中,也询问了同样的问题:

"如果可以重来一次,你会要孩子吗?"

这个随机抽样共调查了 n=1,373 位父母(注:就像我们本章之前提到的,美国专业调查机构定期进行的民意调查,样本量一般都是这个水平),其中有**91%**的人说"要"。

比较一下这两个调查结果,对于"如果可以重来一次,你会要孩子吗?"的回答是"要"的:

自发性回应:30%;随机样本回应:91%

你是否还记得随机抽样的最大优点是什么呢? 对,是均等的机会,《每日新闻》的随机样本给了所有父母相同的回答机会! 而蓝德丝收到的自发性回应样本,却包含更多因为被孩子气昏了而写信向她诉苦的父母。所以,如果我们因为某些原因需要使用自发性回应样本的时候,一定要留意思考,那些会自发回应我们的问卷的人,和那些选择不回应的人,会不会有什么系统上的差异,从而使我们的调查结果产生巨大的偏差呢?(自发性回应抽样的适用条件和优缺点整理见表 4.3)

表 4.3 自发性回应抽样

适用条件	当绝大部分总体成员都选择自愿参与调查的时候,自发性回应抽样也有可能可以得到相当准确的结果
优点	1. 不需要抽样框 2. 节省了分发问卷,以及劝服被访者参加调查的时间和精力
缺点	要特别留意是不是总体中有特定特征的人群才会选择自愿参加调查。比如在上面的例子里,那些在教养孩子过程中备受挫折的父母更会主动回应蓝德丝的问卷

配额抽样

配额抽样(quota sampling)是根据总体的一些相关特征来配比抽样的过程。比如,如果我们知道目标总体的男女比例是 2∶3,而我们希望让样本在男女比例上和总体保持一致,那么我们就可以在抽样中也设定相应的男女比例。如果我们计划抽取 100 人,我们就可以设定其中应该有 40 位男性和 60 位女性,当我们访问了 40 位男性后,再出现男性被访者我们就会略过,而只访问女性被访者,直到我们访问了 60 位女性被访者为止。

配额抽样不是一种随机的抽样方法(见表 4.4),因此,虽然产生的样本在我们事先设定的维度上(比如男女比例)和目标总体保持了一致,但它的代表性还是有限的[①]。

表 4.4　配额抽样

适用条件	我们需要事先了解总体在有关维度上的分布。比如如果我们希望样本拥有和总体一致的男女比例,我们就要事先了解目标总体中的男女比例
优点	1. 不需要抽样框 2. 相对方便快捷 在一定条件下,可获得与某些概率抽样非常接近的结果
缺点	1. 有些配额分组中的样本可能相对难找到。比如在男性吸烟比率比女性高很多的地区,如果我们希望样本中有一定数量的女性烟民,这可能会比找到男性烟民要困难得多 2. 虽然在我们事先设定的维度上(比如男女比例),样本和目标总体保持了一致,但与随机调查得到的样本相比,它的代表性还是有限的

滚雪球抽样

滚雪球抽样(snowball sampling)是研究者请受访者(接受访问后)帮助推荐其他受访者的一种抽样方法。如图 4.3 所示,通过受访者不断推荐新的受访者,我们的样本量就像滚雪球一样,越滚越大。这个抽样方法特别适合难以接触到总体成员,但他们彼此却互相认识的情况。比如,如果我们想要研究某个粉丝团体,或者想要研究某地区自闭症孩子所在的家庭,我们都可以先采访样本中的少数个体,并通过这些个体来推荐新的受访对象。

图 4.3　滚雪球抽样

---

① 这个例子里,如果我们在设定样本的男女比例的同时又结合随机抽样的方法去抽取样本,得到的样本就会有相当好的代表性了,详见下一节介绍的"分层随机抽样方法"。

表 4.5 滚雪球抽样

适用条件	滚雪球抽样特别适合目标总体不是特别大,而且其中的成员互相认识的情况 对于比较难以寻找或者接触到且又彼此互相认识的人群,滚雪球抽样甚至可能是最适合的抽样方法
优点	可以帮助访问难以接触到的人群成员;特别是当这些成员有较紧密的人际关系网络的时候
缺点	1. 如果需要大样本的话,会消耗相当多的人力物力 2. 孤立的,或者相对较少人际关系的个体会难以被接触到

4.3 概率抽样方法

简单随机抽样

简单随机抽样(simple random sampling)简单来说,就是随机的、不加任何控制地从总体的所有成员中抽取样本的过程,这个过程让总体中的所有个体都有相同的机会被抽中。它是最基本的随机抽样技术,也是其他抽样方法的基础。为了实现简单随机抽样,我们会需要一个抽样框,即总体中所有成员的完整列表,然后使用随机数字表或者抽签等方法,从中随机抽取所需的样本数,这个过程会保证总体中每一个成员被抽中的机会是平等的。

比如在图 4.4 的例子里,我们需要从 20 个人的目标总体中,抽取 5 个人的样本。这 20 人对应的编号为:01,02,…,19,20。我们可以采用两位一组的读取方法,用下面的随机数字表来抽取一个简单随机样本,请尝试一下,如果我们的起点是框内左上角第一组数字"06",我们的规则是,从起点开始一直向右,走到最右端后,再从下一行的最左端继续。按照这样的起点和规则,你抽到的样本和我们图中抽到的(图 4.4 中虚线人形显示[①])一致么?

留意到以上这个方法抽取到的样本可能会有重复的,也就是说,已经被抽到的数字,还有可能再一次被抽到,严格来说,这种方法叫作"非常简单随机抽样",它是"有放回的"抽样方法[②],它可以严格保证总体中每一个元素被抽中的概率是

---

① 第一个抽到的数字是 06,第二个是 02,接下来的一系列数字 45、96、32 等超出了我们的样本框,需要跳过,直到出现 18,以此类推。最后被抽中的号码是 02,06,07,12 和 18。

② 在现实的操作中,我们通常会把重复抽到的个体跳过,所以用随机数字表也可以进行"无放回的"简单随机抽样。

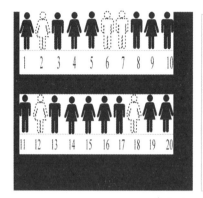

图 4.4　简单随机抽样

完全一样的。而简单随机抽样一般指的是"无放回的"抽样,比如如果我们把所有号码写在小纸条上放在抽奖箱里抽签,已经抽到的小纸条就不再放回抽奖箱参加下一轮的抽取了。在"无放回的"抽样中,每个元素被抽取的概率实际上是不相同的,第一个人被抽中的概率是 1/20,而第二个人增加到 1/19,以此类推,到第五个人被抽中的概率其实已经增加到 1/16。虽然"非常简单随机抽样"和"简单随机抽样"有概念上的差别,但当总体非常大时,两者的差异就可以忽略不计了。

系统随机抽样

系统随机抽样(systematic random sampling)中最常用的叫作等距抽样,它和简单随机抽样类似,主要的区别在于,我们只需要随机地抽取一个起点,然后以固定间隔继续向后抽取就可以了。如图 4.5,我们的总体一共有 20 个成员,如果我们需要从中抽取一个样本量为 5 的样本,那么我们就要从每四个人中抽取一个人。我们先随机地抽取一个起点,比如我们抽到了 2,接下来我们就不再随机抽取任何数字,而是在列表中每隔三人就抽取一个人。

图 4.5　系统随机抽样

需要留心的是,如果抽样框中成员的排列是有特定规律的,比如两男两女再两男两女以此类推,那么系统随机抽样就有可能会造成有偏的样本,如果我们第一次抽到的是一个男性,然后我们又等距地每隔三个人就抽取一个人,我们接下来抽到的就会全部都是男性而没有女性了。

表 4.6 简单/系统随机抽样

适用条件	当我们拥有抽样框,即目标总体成员的完整列表的时候,我们可以使用简单随机抽样或者系统随机抽样
优点	1. 比非随机样本有更好的代表性 2. 我们可以估计样本对总体的代表性,或者说,当我们把基于样本的结论推展到总体的时候,我们可以估计误差的大小以及犯错误的可能性① 3. 可以根据总体的情况和对估计量的精度要求来计算所需要的样本量②
缺点	1. 需要有完整的抽样框做支持,如果抽样框不完整,那么抽到的样本也可能有偏 2. 相对于方便抽样和自发回应抽样这样的非随机抽样方法,可能需要更多的事前规划和准备工作 3. 随机不代表完美,简单/系统随机抽样的样本中还是可能缺失重要的成分,请见接下来我们对分层抽样的讨论

分层随机抽样

分层随机抽样(stratified random sampling)是一种先把总体按照一些重要的标准或指标分组,然后在每个分组中进行随机抽样的方法。为什么要事先把总体分组呢?因为一次简单随机抽样并不能代表完美的结果。为什么这样说呢?在我们进一步解释之前,请做一下下面的这个小试验。

停一停,试一试

请拿出一个 1 元硬币,抛 10 次,记录下你得到"字"的次数。

在这 10 次抛硬币的过程中,我一共得到了_____个"字"。

我们知道,一个正常的硬币得到"字"或者"花"的概率应该各为 50%。但是,就你这 10 次的抛硬币而言,你是不是得到了刚好一半,也就是 5 个字呢?这个可

---

① 简单随机抽样是其他概率抽样的基础,在理论上是可以用比较简单的公式来计算抽样误差的;相对而言,系统随机抽样的误差计算就复杂得多,在应用上,我们常用简单随机抽样的误差计算公式来近似估计系统随机抽样的误差。

② 如果你对有关的计算公式感兴趣,请参考本章延伸阅读《传播研究方法》中的表 3-5、表 3-6、表 3-7 和表 3-8(P86-89)。

能性有,但其实可能并不像我们想象得那么大①。而如果你得到了 3 个,或者是更少的"字",这样的事情虽然相对少见,但也有可能发生。

事实上,如果我们收集了很多很多读者在 10 次抛硬币中得到的"字"的次数,然后画成一张图,这个图应该好像是一个倒着的钟的样子(见图 4.6)。5 是最常出现的结果,4、6 出现的比例稍微小于 5,而 3 和 7 出现的比例要再小一些,而小于 2 或者多于 8 个"字"的结果就相对罕见,但也不是不可能出现的。

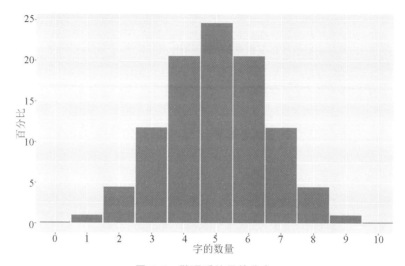

图 4.6　抛硬币结果的分布

因此,就像抛硬币 10 次可能得到少于 2 个的"字"一样,从一个男、女人数完全相同的目标总体中抽取的随机样本,也可能得到男性明显多于女性(或者反之女性明显多于男性)的样本。在调查很多重要的社会议题时,这样失衡的样本都是不可接受的。遗憾的是,简单随机抽样并不能保证避免此类情况的出现。因此,为了提高样本的代表性,为了确保样本在我们特别关注的维度或指标上和总体保持一致,我们可以事先确定这些维度或指标,把总体在这些维度或指标上分组或分层,明确每组/层成员在样本中所占的比例,然后在组内或层内再进行简单随机抽样,以确保我们的样本包含了相应比例的各组/层的成员。

比如在图 4.7 里,我们的总体(20 人)中,有 12 名女性和 8 名男性,如果我们希望抽取一个 5 人的样本,要求样本中既有男性也有女性,而且样本的男女比例

①　确切地说,这个可能性是 24.61%。如果你对具体的计算方法感兴趣,请参考延伸阅读书目《调查研究中的统计分析法》第三章第四节的公式(3-5)。

和总体的保持一致,也就是说,我们希望抽取的样本中有3名女性和2名男性。要如何抽取呢? 我们可以把总体分成男性组/层(stratum)和女性组/层,然后在所有男性中随机抽取2名男性;在所有女性中随机抽取3名女性。这样的做法,就叫作分层随机抽样。我们用来分层的标准或指标(即性别:男性,女性),叫作分层变量。

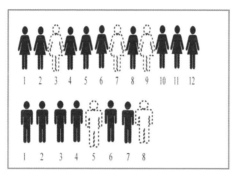

图 4.7　分层随机抽样

表 4.7　分层随机抽样[①]

适用条件	我们不仅拥有总体的抽样框,而且了解总体在分层变量上的分布。适合总体庞大,结构复杂,内部差异较大的情况
优点	1. 因为分层抽样是按照群体分布特征从不同的层获得尽可能均衡的样本数,使样本与总体更加相似,因此分层抽样的样本比简单/系统随机样本有更好的代表性 2. 可保证样本在分层变量上和总体保持一致 3. 可以帮助我们更精确地通过样本来估计总体的情况 4. 考虑到每层可以看作是一个子总体由专人分别管理,分层抽样也在一定程度上便于现场的实施和管理
缺点	1. 需要了解总体在分层变量上的分布状况才能完成 2. 分层变量的选择与研究目的有关,需要研究者事先进行分析判断,有主观失误的可能

①　如果想要进一步了解分层抽样方法,特别是其中涉及的统计学专业级别的技术细节,请参考《传播研究方法》第 80－82 页上的内容。

整群抽样

整群抽样(cluster sampling)是以群体而非个体为抽样单位的随机抽样方法。也就是说,我们现在不再是从总体中随机地抽取个人,而是从总体中随机地抽取群体。整群抽样和简单随机抽样有什么不同呢? 比如,当我们需要抽取一所大学的学生样本的时候,我们可以从教务处要来学生名单,然后用随机数字表从名单中随机抽取,这样的方法就是简单随机抽样;或者我们也可以列出所有的班级名单,从中随机抽取一定数量的班级,然后访问被选中班级的所有学生,这样以群体(班级)而非个人(个体学生)为单位的随机抽样方法,就叫作整群抽样。

如果我们的总体非常庞大,那么编制完整的、包含每个个体成员的抽样框就可能相当困难,需要耗费大量的人力和物力。相对而言,群体的名单常常是更容易获取的,比如在上面的例子里,也许拿到全体学生的列表是比较困难的事,但我们可以相对轻松地列出一所大学所有班级的名单。

在整群抽样中,我们希望抽取的整群要近似于总体的缩影。这就好像当我们通过抽取一滴水来研究整个湖泊的成分时,我们希望这滴水是整个湖泊的缩影。为了达到这个目的,我们希望所供抽样的整群中,群间差异尽可能小,而群内差异尽可能大,群体内部的成分的丰富程度和成分配比就像是总体的一个缩小版。比如同一大学班级与班级之间的差异可能是有限的,但相对而言,同一个班级内却可能有来自五湖四海,兴趣、爱好、智商各异的学生,就像是一个学校的缩影。又比如同一个地区不同村落之间的差异可能是有限的,但相对而言,同一个村子内部却可能有老有少,有不同职业分工、不同教育或收入程度的居民,就像是整个农村的缩影[①]。

表4.8 整群随机抽样

适用条件	我们没有总体中所有个体的列表,但是可以找到总体中所有群体的列表
优点	1. 比较有效率 2. 比较易于操作 3. 比非随机抽样的样本更具有代表性
缺点	样本的代表性(或估计的精度)可能会低于简单随机抽样

---

① 当然,如果群体之间有些我们已知的重要差异,比如理科专业的班级和文科专业的班级内,男女比例可能相当的不同,那么就不能简单地认为一个班级是整所大学的缩影了。在这种情况下,我们就要在整群抽样之前对整群进行分层处理,详见下面的讨论。

停一停,想一想

　　分层抽样和整群抽样的第一步,都是先把总体划分为若干个部分。但是因为划分的原因不同,所以划分的标准也不同。如上所述,在整群抽样中,我们希望群间差异尽可能小,而群内差异尽可能大。请想一想,在分层抽样中,我们对层间和层内差异又有什么样的期望呢?

_____

_____

_____

　　对的,和整群抽样相反,在分层抽样中,我们希望层内的差异尽可能小。如果一个总体内部有某个或某些对我们的研究问题而言比较重要的差异,我们就以此为划分标准将总体分层。比如,当我们调查的是对某个运动赛事的看法时,我们知道男性和女性很可能有不同的看法,所以我们就选择把总体按照男性和女性分层,然后再在层内进行随机抽样。所以,分层抽样发生在我们认为有重大层间差异的情况下;相反地,在整群抽样中,我们希望群体之间的差异尽可能小。

　　看到这里,是不是感觉有点难以理解? 别担心,让我们尝试考虑一下这样的一种情况,看看是不是有帮助。这一次,我们还是想要抽取某个大学的学生样本,但是我们没有班级的名单。所幸的是,我们可以很容易地列出所有宿舍楼。然后,我们是不是可以把这些宿舍楼作为整群,然后进行整群抽样呢?

停一停,想一想

　　感觉这个办法真是不错,只要抽取宿舍楼就行了,可以省去好多力气。不过,这样抽中的样本会不会有什么问题呢? 好好想一想,列出你的一些想法再往下看哦!

_____

_____

_____

　　你可能猜到了是不是? 就像我们之前聊分层抽样的时候提到的,一次随机抽样不能保证样本在所有重要指标上都和总体保持一致。假如我们抽到的全部都是男生宿舍,或者全部都是女生宿舍,那可怎么办呢?

真是好问题！这个问题带出了整群抽样特别需要注意的一点，整群抽样适用于被抽取的群体之间同质性很高，互相之间差异不大的情况。当群与群之间有较大差异的时候，整群抽样可能会造成相当大的抽样误差。比如在上面的例子里，有些宿舍是男生宿舍，而有些是女生宿舍，如果不加控制地从"所有"宿舍楼中随机抽取一定数量的宿舍楼，很可能会导致我们样本中的性别比例失衡，甚至可能会出现某个性别完全没有被抽中的情况。这时候，我们就可以考虑把整群抽样和分层抽样相结合，先把宿舍楼按照性别分层，甚至还可以按照院系、年级等进一步分层，然后于层内（即针对男生楼、女生楼；或是进一步对应到院系、年级的楼层）分别再进行整群抽样。这就把我们带到了下一个抽样技术——多级抽样。

多级抽样

多级抽样（multi-stage sampling）从总体中先抽取若干个较大的单元（叫作初级单元或一级单元），然后再从这些较大的单元中抽取较小的二级单元，然后以此类推，还可以根据需要抽取三级、四级单元，等等。比如，我们先列出所有的宿舍楼，并从中随机抽取几栋宿舍楼（初级/一级单元），然后再从每个选中的宿舍楼里随机抽取几个楼层（二级单元），然后再从每个抽中的楼层中随机抽取几间宿舍（三级单元），最后访问所有被选中宿舍中的学生，这样的整群抽样，就被称为是多步骤的整群抽样，或者简称多级抽样。当然，最后一级的抽样也可以不是整群的，比如最后只访问所有被抽中宿舍中的一位或两位学生。我们从级别较高，或者说人数较广的群体开始抽取，然后逐步缩小到人数较少的群体，最后得到我们真正需要访问的个体。

多级抽样的代表性通常好于一步到位的整群抽样。假设某所大学一共有 20 栋宿舍楼，其中 10 栋是男生楼，10 栋是女生楼，每个楼都居住着 200 名学生。如果我们想要抽取 400 人的样本，我们会怎样一步到位地利用整群抽样获取样本呢？我们会从 20 栋宿舍楼里抽取 2 栋宿舍楼，然后访问被抽中的宿舍楼里的所有学生。就像上面讨论过的，如果我们抽中了两个女生楼，或者两个男生楼，那我们的样本就会严重有偏了。即便我们抽中的是一个男生楼和一个女生楼，考虑到同年级、同专业的同学们常常住在一起，我们的样本还是很可能会出现年级、专业扎堆的状况。

相对而言，如果是多级抽样呢？因为我们不会访问被抽中的宿舍楼中的所有人，所以我们可以抽更多的宿舍楼。比如我们可以先抽取 10 栋宿舍楼（从所有 10

栋男生楼里随机抽取 5 栋楼,从所有 10 栋女生楼里随机抽取 5 栋楼),然后在每个宿舍楼里随机抽取 5 个楼层,每个楼层随机抽取 4 个宿舍,然后从每个被抽中的宿舍里随机抽取 2 名同学。相对于一步到位的整群抽样,多级抽样得到的 400 个人更不容易出现年级、专业或者其他因素与总体相比严重失衡的情况。

当我们面对一个庞大的目标总体时,以个人为单位编制抽样框通常是相当困难的,而且如果样本的分布分散,也会为调查的实施增加困难。这时候,多级抽样就显示出了它的优势。一方面,以群体为单位的抽样框更容易获取(比如一个国家的所有省份,一个省份里的所有城市,一个城市里的所有街道,等等),样本的分布也会更为集中,便于组织,从而可大大降低调查实施过程中所需的人力、物力和财力。另一方面,多级抽样如果结合适当的分层(比如将城市先按照其规模、社会经济发展水平、所在地域等分层后再抽取),得到的样本会比一步到位的整群抽样更有代表性。

表 4.9　多级抽样

适用条件	总体规模庞大,地理分布分散,且很难获取总体中所有个体的列表
优点	1. 比较有效率 2. 降低了调查实施所需要的人力、物力和财力 3. 比非随机抽样以及单步骤整群抽样的样本更有代表性
缺点	样本的代表性(或估计的精度)可能会低于简单随机抽样

随机拨号抽样

你有没有接到过电话邀请你参加一项调查呢?是的,现在电话调查已经成为市场和民意调查里越来越常用的方法。随机拨号抽样(random digital dialing,RDD)这种调查方法通常利用电脑随机产生电话号码并拨出。例如,我们想要调查的总体为某个城市的全体居民的时候,就可以利用规定电话号码的区号或局号(比如 010 是北京的区号,6577 是北京朝阳区中国传媒大学附近地域的前四位局号)来确保访问对象来自我们想要调查的地区。

还记得我们在第一节中讨论过的抽样框的概念么?请你思考一下,随机拨号抽样的办法是否需要总体全部成员的列表呢?

随机拨号抽样的办法是否需要总体全部成员的列表呢？

0. 不需要

1. 需要

    答案是，不需要。因为我们并不是从一个电话号码列表中抽取样本，而是随机地生成号码并且拨出。我们之前讨论过，因为抽样框常常不能包括目标总体里的每一名成员，所以，我们要特别留意抽样总体与目标总体这两者之间的差异。那么，如果随机拨号抽样不需要依赖于这样一个成员列表，我们是不是可以说，这样的抽样总体就和目标总体完美契合了呢？事实并非如此，思量一下，我们的抽样总体还是没能很好的对应我们的目标总体。比如那些没有电话的人，虽然属于我们的目标总体，但却无法被包括在抽样总体之中。所以，无论是使用还是不使用抽样框的抽样方法，都需要警惕和考量抽样总体和目标总体之间的异同。

    还有一点需要提醒的是，在随机拨号方法中，号码的生成也常常需要结合其他的抽样技术来进行。比如，如果我们在北京做调查，就需要事先了解北京市的电话局号（前四位）有哪些，根据局号数和总样本数确定每个局号下需随机生成的电话号码数，这就相当于把所有的号码根据局号先分层，然后再从每个分层中抽取一定数量的号码。

表 4.10　随机拨号抽样

适用条件	适合用在电话非常普及的地区；因为是由电脑随机产生号码，所以并不需要一个完整的电话号码本来实施随机拨号抽样
优点	1. 比较有效率 2. 那些没有被列在电话号码本里的电话号码也有同样的机会被抽中
缺点	1. 拥有多部电话的人会比拥有一部电话，或者没有电话的人有更大的机会被抽中 2. 有时候区号和机主所在地区的对应性没那么好。比如一个居住在其他城市的人也可能为了工作方便而拥有一个北京地区的座机或手机号码

    以上就是我们在这一章想要跟大家介绍的几种抽样方法。总结一下，抽样的过程和逻辑是这样的：

停一停,总结一下:抽样的过程和逻辑

1. 当我们想要了解一群人,但又无法访问他们中的每一位成员的时候,我们就会抽取其中一部分人来访问。

2. 我们抽取的这一部分人,就叫作样本,我们抽取样本的过程,就叫作抽样。

3. 如果我们使用了适当的抽样方法,就可以得到对总体有较高代表性的样本。

4. 通过访问这个具有较高代表性的样本,我们就可以得到一些可以推广到总体的结论。

　　以上的总结你觉得怎么样呢? 好好地看一看,想一想,有没有什么漏洞或者不对劲的地方呢?

停一停,想一想

你觉得以上的总结怎么样呢? 有没有什么漏洞或者不对劲的地方呢?

_____

_____

4.4　回应率的难题

　　关于刚刚的总结,我们必须承认,漏洞还是有的……最大的漏洞就在于,不是被我们抽中的每一个人都会愿意参加我们的调查。

停一停,想一想

　　你是否接到过邀请你参加问卷调查的电话呢? 你是否曾经同意参加电话调查,又是否曾经拒绝过电话调查呢? 你同意和拒绝的原因各是什么呢?

_____

_____

　　由于不是每个被访者都会同意参加调查,所以回应率(response rate),也就是实际参加调查的对象占所有抽中样本的比率,就成了抽样调查里一个至关重要的

概念。回应率之所以特别重要,是因为那些愿意接受调查的人,和那些不愿意接受调查的人之间,可能存在系统性的差别。如果这两者没有差别,那么较低的回应率最多是导致一个较小的样本;可是如果两者有本质性的差别的话,那么较低的回应率就会导致一个有偏的样本了。

比如,一场球赛刚结束之后,你拿着问卷去访问双方球迷。获胜方的球迷可能不但愿意接受你的访问,还会拉上你一起喝一杯呢!而失利的那一方可能就心烦意乱,巴不得你离他们远一点,更别提接受你的访问了。所以,即使我们使用分层随机抽样,设计了一个包含相应数量双方球迷的有代表性的样本,可最后实际接受我们调查的人中,获胜一方的球迷还是会远远多于失利一方的球迷,换句话说,我们的样本还是缺乏代表性。

回应率是所有的抽样调查研究必须面对的问题,我们要特别留意考察,那些同意和拒绝参与调查的人,是否有什么系统性的差别。

好了,现在本章的内容真正到达了尾声,让我们一起尝试回答一开始提出的谜题:两个结果迥异的春晚满意度调查①。

停一停,试一试:两个结果迥异的春晚满意度调查

请阅读以下关于抽样和调查方法的简单总结,尝试填写空白处的信息

	央视 CTR (81.6%满意度)	某浪网 (15.2%满意度)
目标总体	中国电视人口	
抽样方法	随机拨号抽样	
调查时间	除夕夜 20:30 至 23:30	除夕夜到 大年初四

接下来请尝试回答以下三个问题:

1. 某浪网满意度调查的目标总体是什么呢?和央视 CTR 的是否一致呢?

_____

_____

① 由于篇幅有限,关于本案例更为详细的讨论请参见以下文献:
柯惠新. 关于央视春晚满意度调查的两个版本之我见[J]. 现代传播,2011(03).

2. 某浪网满意度调查的抽样方法是什么呢，和央视 CTR 的抽样方法比较，在样本的代表性方面，会有什么区别呢？

_____

_____

3. 看一看两项调查的执行时间，你觉得这个执行时间会对调查结果造成怎样的影响呢？

_____

_____

　　因为某浪网的调查是放在某浪网主页上，所以，很显然，那些不上网的人是无法参加该项调查的，因此，某浪网调查的目标总体是全体网民，或者更狭窄一些，是全体某浪网用户。

　　CTR 的同步电话调查采用的是比较规范的随机抽样调查设计，最后样本的地区分布覆盖了全国的 400 多个区县，但是样本的性别、年龄、文化程度等的分布是否也有代表性呢？除夕夜在家里接答电话的被调查者很可能是年龄偏大的中老年人。再加上调查并没有涉及手机用户，这可能也会造成一定的样本偏差。

　　而相对的，某浪网上调查的抽样方法，是自发性回应样本。选择自发性回应一项调查的被访者，相对于那些不主动参加调查的人，可能是对有关事项怀有更为强烈的意见想要表达，就像前面所举例子中那些"被孩子气昏了而写信给蓝德丝的父母"那样，越是对春晚有看法或不满的网民，越是可能会主动地去回应网上的调查问卷，但是他们未必可以很好地代表沉默的大多数。

　　关于调查时间，试想在大年三十晚上，全家人都聚在一起，热热闹闹，一边看着晚会，一边说点高兴的吉利话，乐呵乐呵，就是过年了。这时候如果我接到了CTR 访问员的电话，问我觉得今年的晚会办得怎么样，在这样喜庆的氛围下，我的回答大概会是"不错""还行""还可以吧"。大过年的，相信一般人也不太会说"不好"的丧气话的。所以，建议 CTR 的调查也不妨从除夕夜 8：30 开始，一直延续到大年初四，与某浪网等网络调查的时间同步。除了可以比较一般电视观众和网民的态度之外，也可以研究电视观众的态度是否受除夕夜气氛的影响。[1]

---

[1]　目前 CTR 的春晚电视观众满意度调查已经有了很大的改进，包括调查内容和调查的时间。

延伸阅读

[1]柯惠新,沈浩. 调查研究中的统计分析法[M]. 北京:中国传媒大学出版社,2005.

[2]柯惠新,王锡苓,王宁. 传播研究方法[M]. 北京:中国传媒大学出版社,2010.

关键词:

目标总体（population）

普查（census）

样本（sample）

抽样（sampling）

代表性（representativeness）

可推广性（generalizability）

抽样单位/单元（sampling units）

抽样框（sampling frame）

抽样总体（sampling population）

样本量（sample size）

概率抽样方法（probability sampling）

非概率抽样方法（non-probability sampling）

方便抽样（convenient sampling）

自发性回应抽样（volunteer sampling）

配额抽样（quota sampling）

滚雪球抽样（snowball sampling）

简单随机抽样（simple random sampling）

系统随机抽样（systematic random sampling）

分层抽样（stratified sampling）

整群抽样（cluster sampling）

多级抽样（multi-stage sampling）

随机拨号抽样（random digital dialing，RDD）

回应率（response rate）

思考题

1. 如果你想要了解一个小区的居民对该小区的物业管理的满意程度,你会怎样抽取针对该小区居民的样本呢? 当你确定一个抽样方法之后,请针对这个方法回答以下的问题:

   A. 你的抽样总体和目标总体之间有什么差异么?

   B. 如果实施你的抽样方法,你需要多少人力物力?

   C. 你的抽样方法的优点和缺点分别是什么?

2. 如果让你来设计"春晚满意度调查"的抽样方案,你会怎样抽取样本呢? 说说你的理由是什么?

3. 请就你目前最为关注的某个社会热点问题,设计一个可行的抽样方案,并说明这样设计的理由。

第三部分
数据收集的具体方法

第5章　问卷调查

　　你曾经回答过问卷么？去商场买东西,去饭馆吃饭,甚至在微博上也可能遇到问卷调查。问卷调查可能是人们最常接触、最熟悉的一种数据收集方法。在这一章里,我们会介绍问卷设计和调查实施的基本原则,期间还会讨论到问卷设计中的典型错误,你会发现,看似简单的问卷设计其实可以漏洞百出呢！当然,我们也会向你传授秘诀,帮你尽量减少错漏,得到高质量的调查数据。最后,我们还会介绍一些有趣的研究发现,比如同样的问题,用电话调查和纸笔调查的结果可能会不同么？同样的问题,在晴天问和雨天问可能会得到不同的答案么？其实,问卷调查原来比我们之前以为的更复杂,也更有趣！

5.1　问卷结构

问卷的开场白

　　还记得你上一次回答问卷么？在一份问卷中,你首先看到的是什么内容？或者上一次你收到邀请回答一份问卷的时候,你看到的是什么样的内容？或者再换句话说,当你要决定是否回答一份问卷的时候,这份问卷的哪些特征会影响你的决定呢？以上的问题都关系到这个主题:一份问卷应该如何开始呢？

　　通常情况下,在问卷的开头,研究者会提供一个有关这次研究的介绍(introduction)。这个介绍应该包含一些基本的要素,来帮助调查项目的研究对象对接下来的问卷有基本的认识,帮助他们决定是否参加此项调查。这些要素通常包括(1)本次调查是哪些人/机构组织的;(2)大概包括哪些方面的问题;(3)大概需要花费多长时间来完成;(4)最后收集的数据会被如何使用(是研究用还是商业用)。下面请看一个典型的研究介绍的例子。

"研究介绍"的范例(一)[①]

这个项目是_____主持的一个研究项目。我们想要了解人们是怎样产生对陌生人的第一印象的。我们会邀请您阅读一段话,对里面的主要人物形成一个印象,然后回答有关的问题。

整个问卷大约需时5分钟。您的回答只会被用于研究用途。

如果您对这项研究有任何问题或建议,可随时与_____(联络方式)联络。

谢谢您的帮助!

_____大学_____学院/系

××××年××月

现在请翻到下一页开始调查

为什么我们要提供一个介绍呢?还记得我们之前提到的"回应率"的问题么?无论我们使用了多么科学、缜密的抽样方法,如果调查的回应率低,那么样本的代表性还是会让人担心。而一个简明扼要的介绍在一定程度上可以帮助提高调查的回应率。

另外,如果我们的研究中包含对被访者来说可能比较新颖的内容,以至于我们不确定被访者是否可以顺利地理解和作答时,我们可以考虑在"介绍"部分进行讲解,甚至可以让被访者做一些简单的练习。请见"研究介绍"范例(二)。

---

① 这个研究介绍的范例可能更适合纸笔调查和网上问卷,试想如果我们是在其他界面(比如微信朋友圈或者电话调查)里向我们的受访对象发出邀请,我们的措辞,以及我们所提供的信息的详细程度可能会需要进行相应的调整。在本章的第2节我们会更为详细地讨论这个问题。

"研究介绍"的范例(二)①

　　在这个项目中,我们想要了解这样一个问题:人们如何根据自己的第一感觉来确认词汇之间的关系呢?你将会看到多组被打乱的词汇,请根据第一眼的感觉,从每组词汇中挑出可能可以组成一个句子的 3 个词汇。下面是一个例子

苹果　一个　吃　梨

　　在你选中的 3 个词汇下面画线,让它们组成一个新的句子。

苹果 <u>一个</u> <u>吃</u> <u>梨</u>　　　　(或者)　　　　　　<u>苹果</u> <u>一个</u> 吃 <u>梨</u>

　　针对每组词汇,都请选出这样的 3 个词汇。答案没有对错之分,也无须理会词汇的前后顺序,只要你感觉它们 3 个可能可以组成一个句子即可。

　　现在请尝试完成以下两组词汇

关上　撞上　门　这扇

　　以下是可能的答案:

<u>关上</u> 撞上 <u>门</u> <u>这扇</u>　　　　(或者)　　　　　　关上 <u>撞上</u> <u>门</u> <u>这扇</u>

你的　手　脚　举起

　　以下是可能的答案:

<u>你的</u> <u>手</u> 脚 <u>举起</u>　　　　(或者)　　　　　　<u>你的</u> 手 <u>脚</u> <u>举起</u>

现在请翻到下一页,正式开始。

(答案没有对错之分,我们只想知道你的第一感觉,

请尽可能快地做出选择。)

先问什么问题好

　　在介绍完成之后,我们就可以正式地向被访者提问了。正式的提问可以分为三部分,第一部分通常是比较简单和基本的问答题,帮助被访者进入回答问卷的状态。

---

　　① 这个介绍取材自一个经典的认知心理学研究,我们在下一章聊到实验方法的时候还会再次提到它,敬请期待。Srull T K, Wyer R S. The role of category accessibility in the interpretation of information about persons: Some determinants and implications[J]. Journal of Personality and Social Psychology, 1979, 37 (10): 1660-1672.

虽然大多数情况下,我们会把关于人口背景的问答题放在问卷的最后(这个我们稍后还会更详细地讨论),但有些时候,研究者也会在问卷的开头部分就了解一些基本但不太敏感的人口信息,如性别、年龄。为什么呢?这里又要提到我们上一章聊过的"回应率"的概念了。关于回应率我们最担心的,就是那些成功完成问卷的人,和那些中途退出调查的人有什么根本上的不同。如果我们有一些基本的人口信息在手,那么就可以以此为基础,分析和比较那些完成问卷的人和那些中途退出(比如在电话调查完成之前挂掉电话)的人。这些比较结果可以帮助我们对低"回应率"造成的问题进行补救,比如假设我们发现在自己的项目中,年轻人比中年人更倾向于中途离开,我们就可以通过数据加权的手段,给年轻人的问卷更多的权重(weight)来进行补救。

另外,某些研究还会在第一部分加入一些筛选用的问答题。也就是说,本次调查只访问符合某些要求的被访者,这样的筛选问答题通常放在所有问答题的最前面,作为开场白代入。请参考下面一个在电话调查中使用的例子。

包含筛选问答题的开场白

您好!我叫＿＿＿＿＿＿＿,是中国传媒大学调查统计研究所的访问员。我有一些问题要询问那些每天看 CCTV－9 十分钟以上的受众。请问您每天收看 CCTV－9 超过 10 分钟吗?

如果是,继续访问;如果不是,结束访问。

问卷主体

问卷的第二部分,也就是问卷的主体,自然就是要测量我们的研究假设或者研究问题(见第 1 章)里所涉及的变量了。既然问卷大家都做过,不如我们先小试牛刀,尝试练习一下。现在请列出一个你希望可以通过问卷调查来测试的研究问题或者假设。

停一停,试一试

你感兴趣的研究问题或者研究假设是

＿＿＿

＿＿＿

现在,请另外找一张纸,列出你觉得在问卷中应该被包括的所有问答题,并使用数字编号(1,2,以此类推)。不用担心对错,根据你的感觉先写出来就好。接下来你完全可以边阅读本章的内容边修改这个问卷。所以,请一定先把这些问答题列出来,这样,你就可以边学习问卷调查,边把那些你学到的东西应用到一个自己感兴趣的研究上了。

你的问答题已经列出来了么?太好了,接下来请把你研究问题/研究假设中的自变量、因变量填写在图 5.1 中。同时列出你的问卷中与之相对应的问答题编号。

图 5.1　自变量和因变量

怎么样?你在填写中有遇到任何困难么?针对每一个自变量和因变量,你都有相应的问答题么?而你问卷中的每一个问答题,都是针对某个自变量或者因变量的具体测量么?这两个问题对应着问卷设计的两个大原则:

1. 我们是否测量了研究模型里的"所有"变量;

2. 我们是否"只"测量了研究模型里需要的变量?

现在考量一下你对以上两个问题的回答,如果缺了变量或问答题,自然可以补充上去;如果多出了变量或问答题,要怎么处理好呢?让我们来好好地审视一下多出来的这些变量或问答题,特别是它们与你的自变量以及因变量的关系,是不是以下的三种情况之一呢?

情况一:我测量了除自变量以外,其他可能对因变量产生影响的变量,我们将这样的变量叫作控制变量(control variable)[1]。比如我感兴趣的假设是:收入会对生活满意度产生正面的影响。也就是说,我们想检验"是否人们的收入越高,生活满意度就会越高"。通过考察前人的研究,我发现"人格特征"对生活满意度也有

---

[1]　在实际操作中,研究者通常都会在问卷中包括基本的人口信息,比如性别、年龄、民族、文化程度和收入,一来可以作为控制变量,二来可以跟总体做相应的比对,考察样本的代表性。

显著的影响（DeNeve & Cooper，1998），那么"人格特征"就是这个研究模型里的"控制变量"。让我们把三个变量的关系用图示的方法表示出来（见图5.2）。为了更好地厘清自变量"收入"对因变量"生活满意度"的影响，我想要在衡量了"人格特征"对"生活满意度"的影响的前提下，考察"收入"对"生活满意度"的影响。只要我们在数据收集阶段把有关"人格特征"的数据也收集到，这样的分析在统计上并不难操作①。所以，我们的问卷需要包括有关"人格特征"的问答题。

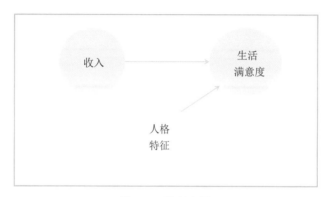

图5.2 控制变量

情况二：我测量了可能对自变量和因变量之间的关系强度产生影响的变量，我们将这样的变量叫作调节变量（moderator）。比如，如果我们假设，"收入"对"生活满意度"的正向影响对男性来说比对女性更强，那么"性别"就成为我们研究模型里的调节变量了（见图5.3）。当研究中出现了调节变量的时候，我们除了考

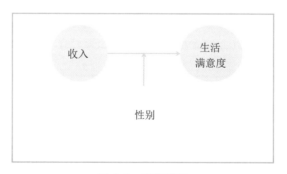

图5.3 调节变量

---

① 可以根据"生活满意度"的测量级别来选择合适的方法。可参考任何有关统计或方法方面的教科书，例如《传播研究方法》或是《调查研究中的统计分析法》，详细的书目信息见本章延伸阅读。

察自变量对因变量的影响,我们称之为主影响(main effect),还会考察这个主影响是否会因为调节变量的变化而产生变化,我们称之为交互影响(interaction effect)。

情况三:我测量了会把自变量的影响转介给因变量的变量,我们将这样的变量叫作中介变量(mediator)。比如在上面的研究模型里,我们可以假设"收入"通过影响"生活质量"来对"生活满意度"产生影响,"生活质量"就成了这里的中介变量了(见图 5.4)。

图 5.4　中介变量

好了,三种情况介绍完了。如果你的研究问题或者研究假设涉及任何一种情况,请相应地修改它。比如:

包含调节变量、中介变量的研究假设举例

H_1:"收入"对"生活满意度"有正面的影响,"收入"越高,"生活满意度"越高。

H_2:"收入"对"生活满意度"的正面影响在男性中比在女性中更高。

H_3:"收入"通过影响"生活质量"来影响"生活满意度"。

好的,现在我们最后再做一遍对应,把跟你的研究问题/研究假设有关的变量罗列出来,然后和问卷里的问答题一一对应。确保每个变量都有对应的问答题,确保每一个问答题都有对应的变量。这就是我们的问卷主体应该包括的内容。当然,具体怎样设计问答题来很好地测量每个变量,这又是另外一个话题了,我们下一节会进行详细的讨论。

什么样的问答题应该放在最后

在详细探讨问题设计的技术细节之前,让我们聊聊问卷结构的最后一部分:那些我们用来收尾的问题。请尝试想象一下这样一个场景,你接到电话,邀请你参加某项调查,因为调查机构是你一向很欣赏的某某大学,你又刚好有时间,于是你就同意参加了。以下是调查员询问的问答题,请尝试想象一下电话另一头的你,也就是受访者听到这些问答题时的心理活动。

停一停,试一试:请在题目下面的横线上写下你作为受访者的心理活动

1. 感谢您同意参加本次调查,请问您的年龄是?

_____

2. 请问您的月收入是多少?

_____

3. 请问总体而言,您对您的生活满意吗? 一分代表非常不满意,五分代表非常满意,您会打多少分呢?

_____

4. ……

好的,你是否已经写下自己的感受了呢? 对第一题你的反应是如何? 记得我们之前聊过的吗,有时候,我们会选择先了解最基本的人口信息,比如性别①和年龄,这样万一出现了中途退出访问的情况,我们也可以以这些信息为基础考量"受访者"和"退出者"之间的差异。通常,受访者对基本人口信息类的题目都不会有过分敏感的反应。

接下来,被问到收入的时候,你的感受又是如何呢? 会不会突然警觉起来?"咦? 不是某某大学的社会调查么? 为什么上来就问我的收入? 会不会是江湖骗子?"是的,像收入这样的敏感问答题,很可能会引起受访者的猜疑甚至反感情绪,如果放在问卷的开头,很可能导致被访者的过早退出。

因此,我们会把什么样的问答题放在问卷的最后呢? 答案是,调查者通常把比较敏感的问答题放在问卷的最后。这样做的好处有两个:一是如果受访者因为这些敏感问答题而退出调查,我们至少已经通过前面的回答获得了相当多的信息,可以做一些简单的数据分析;二是受访者在问答的过程中可能会逐步建立对此次调查的理解和信任,所以在结尾即使遇到略为敏感的问答题,也可能会选择回答,或者就算不回答的话,也仅仅是掠过该特定问答题而不是退出整个调查。在正式开始调查之前,研究者需要对问卷中的问答题进行评估,把相对敏感的问

---

① 在电话调查中,性别通常可以通过声音辨别,所以调查员会记录下来,因此不需要再询问受访者。

答题(比如收入、职业、居住地区、对某些社会敏感问题的看法等)放在问卷中比较靠后的位置。

最后,你对以上第3题"请问总体而言,您对您的生活满意吗? 一分代表非常不满意,五分代表非常满意,您会打多少分呢?"的感受如何呢? 一星期之前的你对这道问答题的回答和现在的你会一致吗? 如果不一致,那又是为什么呢?

拿小明做例子好了,他一星期之前刚刚取得了优异的期末考试成绩,那叫一个心花怒放,所以如果那时候你问他,他十有八九会给"生活满意度"打个高分;而昨天他刚刚跟女朋友吵架了,正心烦着呢,所以现在他很可能就会汇报一个比较低的"生活满意度"。显然,这个忽高忽低的分数并不能很好地代表我们研究假设里所说的"生活满意度"的概念。换句话说,生活那么丰富多彩,我们要如何用一个简单的分数来涵盖对丰富人生的复杂感受呢? 有些被访者可能会感觉,这样简单划一的打分问题让他们根本不知从何说起;而即使没有这种感受的被访者,也可能会像小明一样,在无意之中让刚好活跃在大脑之中的念头(比如优异的分数、跟女朋友吵架)决定了自己对这个问答题的回答。这样说起来,测量"生活满意度"还真是个有点棘手的问题,你有什么好的解决方案吗?

停一停,想一想:你会怎么测量"生活满意度"呢?

(提示:我们在第3章《测量》中分析过类似的情况,还能回忆起来吗?)

_____

_____

对的,想起来了吗? 在聊"信度"和"效度"的时候,我们讨论了用"多个"问答题来测量"一个"复杂概念的做法,我们可以询问受访者对生活方方面面的满意度,从而得到一个更为稳定(reliable)、也更为真切(valid)的答案。当然,除此以外,问答题设计中值得研究和学习的东西还多得很嘞,在下面的一节里,让我们继续探讨吧。

5.2 问答题设计

问答题类型

在这一部分,我们会一一讨论问卷调查里最常用的问答题类型。我们可以延续上文,从一个"生活满意度"量表开始我们的讨论,请先尝试回答此量表里的所有问题。

生活满意度量表(the satisfaction with life scale①)

你将会看到一些说法,你是否同意这些说法呢？请用以下的打分标准来表达你对每种说法的赞同程度。答案没有对错之分,请尽量坦诚地回答。

1 非常不赞同

2 比较不赞同

3 略微不赞同

4 说不准

5 略微赞同

6 比较赞同

7 非常赞同

_____我生活的各个方面都相当接近自己心目中的理想状态。

_____我的生活状况极好。

_____我对自己的人生很满意。

_____迄今为止,那些人生中我认为重要的东西我都得到了。

_____即使人生可以重来,我也基本上没有什么想要改写的过去。

回答完毕了么？回想一下,这种"针对一个说法请人们表达同意程度"的提问方式是否有点似曾相识？对的,这就是我们在第 3 章曾经提到过的李克特量表(Likert scale)。随着调查技术的发展,研究者们对李克特量表的形式进行了扩展,让它可以考察理念、态度和感受的深浅强弱,我们称之为李克特类型量表(Likert-type scale),下面请看一些例子。

---

① 本量表来自 Diener E, Emmons R A, Larsen R J, Griffin S. The satisfaction with life scale[J]. Journal of Personality Assessment,1985,49:71－75.

李克特类型量表 (Likert-type scales) 示例

研究者	有关变量	问答题示例
Dillard，Kinney，和 Cruz (1996)	对一段录像的情感反应	震惊的 (0) 完全没有这种感觉 (9) 有非常强烈的这种感觉
Fontaine (1996)	跨文化体验活动的参加者对该活动的反应	"在这次体验活动的过程中,我感觉一切尽在我的掌控之中。" (1) 完全符合我的感受 (5) 完全不符合我的感受
Schwartz 等人 (2001)	在 10 个价值观维度上的得分	针对每个价值观如"富有对我而言很重要。我想有很多金钱和贵重的东西。"打分 (1) 完全不认同 (6) 非常认同

　　李克特量表再加上它的变体——李克特类型量表,是社会科学调查中很常用,甚至可以说是最为常用的问答题类型。可惜的是,就像我们之前讨论过的所有方法一样,它们也并不完美。为什么这样说呢? 现在,请好好回忆一下你刚才回答"生活满意度量表"时的经历,你觉得对这些问答题的回答能够准确地反映你的生活满意度么? 如果不能,那原因是什么呢?

停一停,想一想

　　请回忆一下你刚才回答"生活满意度量表"时的经历,有什么因素会影响你回答的质量、让你的回答可能无法反映你的真实情况呢? 如果有的话,我们能够做哪些改变来消减这种影响呢?

_____

_____

　　在继续讨论之前,请想象这样一个场景:这是一个炎热的夏日午后,你却因为有要事在身,不得不在烈日下赶路,走了几十分钟的你,已然口干舌燥。这时,就像在荒漠里发现了绿洲,你看到一个凉茶馆,于是你高高兴兴地推门进去准备先喝杯凉茶再继续赶路。凉茶馆的老板娘看到你,热情地打招呼:"今天的天气真不错啊,你觉得呢?"呃……你会怎么回答?

你对今天的天气大概不会有老板娘如此正面的评价,可是,你会把自己真实的想法告诉她吗? 天气而已嘛,又不是什么生死攸关的原则性问题,你可能没有细想就那么一说"对啊,还不错,麻烦您来杯凉茶。"

如果把类似的情境搬到问卷调查的场景里,请想象电话那头的访问员问"请问您是否同意以下的说法:我生活的各个方面都相当接近自己心目中的理想状态",当然这个场景并不像凉茶馆的例子那么有戏剧性,因为我们知道访问员并不像老板娘一样预期着肯定的或者说同意的回答。但是,研究发现,还是有些人会无论自己本身的观点如何都倾向于对访问中的说法给予赞同,因为他们不习惯或者不擅长表达反对意见,我们将这种回答的倾向叫作默许回答模式(acquiescent response style),这种回答模式造成的偏误叫作默许偏误(acquiescence bias)。

那么问题来了,如果一个人对"生活满意度量表"里面的 5 种说法都给出了相当肯定的回答,我们怎么才能知道他/她是发自内心地对自己的生活感到满意,还是"默许偏误"呢? 这个问题确实颇有些难度,请先尝试仔细思考并写下你的回答后再看我们的讨论。

停一停,想一想

我们怎样才能分辨出不经大脑的"默许回答模式"和发自内心的同意呢?

_____

_____

哈哈,你想到了么? 我们可以修改李克特量表里的说法,有些正着说(如"我生活的各个方面都相当接近自己心目中的理想状态"),有些反着说(如"我的生活状态相当糟糕")。有"默许回答倾向"的受访者可能会对这两个说法都给出偏向同意的回答,这样我们就可以把他们分辨出来了。对于默许偏误过于严重的个案,考虑到他的答案无法反映他的真实情况,我们可能不得不把他的回答数据删除。

除了以上的这个办法,我们接下来要介绍的语义差别量表(semantic differential scale),也能在一定程度上避免默许偏误。为了体会一下这种量表的操作,请尝试回答以下"主观幸福程度量表"里的所有问答题。

主观幸福程度量表(the subjective happiness scale[①])

下面你将会看到一些说法或者问答题,请圈选最符合你个人情况的回答。

1. 总体而言,你觉得自己								
不是一个 非常快乐的人	1	2	3	4	5	6	7	是一个 非常快乐的人

2. 和大多数同龄人相比,你觉得自己								
较为不快乐	1	2	3	4	5	6	7	较为快乐

3. 有些人总是很开心。不管境况如何,他们都能享受生活,从生活中得到尽可能多的乐趣。你觉得这样的描述符合你的状况么?

非常不符合	1	2	3	4	5	6	7	非常符合

4. 有些人总是不太开心。虽然称不上抑郁,但他们也总是不如人们预期的那么开心。你觉得这样的描述符合你的状况么?

非常不符合	1	2	3	4	5	6	7	非常符合

和"生活满意度量表"一样,这个主观幸福程度量表也用来测量人们的"主观幸福程度"(subjective wellbeing)。不同的是,它的前两个问答题并不包含完整的陈述,相反地,被访者要通过自己的回答来完成陈述。因此,这样的问法也就可以避免默许偏误的影响了。最典型的语义差别量表是把反义词放在选项的两端供被访者选择,请看下面的例子。

语义差别量表(semantic differential scale)示例

	我现在的心情				
伤心	1	2	3	4	5	快乐
兴奋	1	2	3	4	5	平静
轻松	1	2	3	4	5	紧张

---

① 本量表来自 Lyubomirsky S, Lepper H S. A measure of subjective happiness: Preliminary reliability and construct validation[J]. Social Indicators Research, 1999, 46: 137—155.

这就是典型的语义差别量表,回答的时候感觉如何?有没有感觉到任何的困难?现在,让我们尝试回答下面这个量表,它是一个测量可信度(credibility)的语义差别量表。

测量可信度(credibility[①])的语义差别量表

请问在下面的每组词汇中,哪个形容词最能贴切地描述您对_____的整体看法呢?请选择。

我感觉他们……(1和5代表最强烈的态度,3居中代表不确定)

智商高	1	2	3	4	5	智商低
缺乏良好的专业训练	1	2	3	4	5	受过良好的专业训练
关心他人	1	2	3	4	5	不关心他人
诚实的	1	2	3	4	5	虚假的
关注他人利益	1	2	3	4	5	无视他人利益
不值得信任	1	2	3	4	5	值得信任
专业知识匮乏	1	2	3	4	5	专业知识丰富
只关心自己的利益	1	2	3	4	5	不仅关心自己的利益
关注他人的安危	1	2	3	4	5	无视他人的安危
广受尊敬	1	2	3	4	5	名誉不佳
见多识广	1	2	3	4	5	无知的
道德高尚	1	2	3	4	5	道德败坏
能力低	1	2	3	4	5	能力高
缺乏职业道德	1	2	3	4	5	坚守职业道德
冷漠	1	2	3	4	5	有爱心
聪明	1	2	3	4	5	愚笨
虚情假意	1	2	3	4	5	真诚
不近人情的	1	2	3	4	5	通情达理的

---

① 量表来自 Mccroskey J C,Teven J J. Goodwill:A reexamination of the construct and its measurement[J]. Communication Monographs,1999,66:90—103. 可以用来测量被访者对某个社会群体或职业群体的看法。

答完了么？有没有感觉有点绕？答起来挺费脑子的？是的,相对于李克特量表,语义差别量表需要耗费更多的脑力,这也成了应答错误的一个来源[①]。所以,没有完美的量表,作为研究者,我们需要针对特定的人群和特定的研究问题/概念,找到相对更为适合的问卷设计。

停一停,想一想

　　好像各种量表各有优劣,针对我手头的一个特定的研究问题和研究对象,怎样才能确定最优的问卷设计呢?

_____

_____

写下你的答案了么? 在选择量表方面,我们其实有两个重要的秘诀想跟你分享,但在这里我们暂且不表,到本节的最后再揭晓。现在我们想说的是,考虑到人类情感、理念和态度的复杂程度,测量它们的确是一个颇有挑战性(当然也因此非常有趣)的任务,不过问卷设计中也常涉及一些事实型的问题,它们的测量相对而言就直白和简单得多。请见下面的常用问答题例子。

其他常见问答题类型示例

1. 请问您的性别是?	1. 女性　2. 男性
2. 请问您的年龄是?	_____岁
3. 请问您的文化程度是	1. 不识字;2. 小学;3. 初中;4. 高中(中专、职高、技校);5. 大专或本科;6. 研究生或以上
4. 请问您通常每天会花多长时间上网?	大约_____分钟(如果完全不上网,请填写 0 分钟)
5. 请问您通常每天会花多长时间看电视?	大约_____分钟(如果完全不看电视,请填写 0 分钟)
6. 请问您通常每天会花多长时间读报纸?	大约_____分钟(如果完全不读报纸,请填写 0 分钟)

---

① 有兴趣进一步了解的读者可以参考 Friborg O, Martinussen M, Rosenvinge J H. Likert-based vs. semantic differential-based scorings of positive psychological constructs:A psychometric comparison of two versions of a scale measuring resilience[J]. Personality and Individual Differences,2006,40(5):873—884.

在上面的例子里,我们看到第 1 和第 3 题是选择题,其他全部都是开放式问答题。第 4—6 使用开放式的问答题来了解受访者的媒体使用时间,其实研究者也常常使用选择题来了解这类信息,那么使用选择题和开放式问答题的结果有什么区别呢?

停一停,想一想

同样是测量某种媒体的使用时间,开放式问题和选择题得到的结果会有什么区别? 两种方法各自的优缺点是什么呢?

_____

_____

_____

把你的答案写下来了么? 好,接下来我们要讨论问卷设计中的典型错误,让我们就从这个话题继续开始聊。

问卷设计中的典型错误

选项不恰当的选择题

延续前面有关测量媒体使用时间的讨论,让我们来看看问卷设计中的第一类小陷阱。首先,请你尝试回答一个有关的问题。

测量微信使用选择题(一)

请问你通常每天花多长时间使用微信呢?

A. 少于 2 小时

B. 2—4 小时(不包括 4 小时)

C. 4—6 小时(不包括 6 小时)

D. 6 小时或以上

答完了么? 现在请再回答一个类似的问题

测量微信使用选择题(二)

请问你通常每天花多长时间使用微信呢?

A. 少于 15 分钟

B. 15—29 分钟

C. 30—59 分钟

D. 1 小时或以上

完全一样的问题,区别只是选项不同,你觉得哪个更好呢?

停一停,想一想

刚才你回答了两个关于微信使用时间的选择题,你觉得它们哪个更好呢?为什么?

_____

_____

答完了吗? 你觉得哪个问题问得更好呢?

哈哈,不好意思,其实这道题目并没有绝对的正确答案,哪种问法更好完全取决于目标总体的状况。比如,假设你的目标总体里绝大部分成员每天都花至少一个小时使用微信,那选择题(二)就会得到清一色的"D"答案,丧失了任何的甄别能力。

所以,如果我们对目标总体的微信使用有一定的了解,就可以让他们使用选择题。相对于开放式问题,选择题的填答和数据输入都比较简单,也更容易避免误解和填答错误的发生[①]。但是,如果因为种种原因我们不能确定提供的选项是否适用于我们的目标总体,那么就可以考虑用"开放式问题"(如请受访者直接填写自己每天使用微信的小时数或分钟数),或者如果条件允许,我们可以先请一部分受访者试做一下我们的问卷,然后以他们的答案为基础设计选项,我们称这样的做法为前测(pretest),本章的结尾我们还会再做相关讨论。

_____

① 比如当你用开放式问题询问被访者年龄的时候,有些被访者会填答自己的出生年份,这样你就需要按照访问时间回推才能计算出他/她填答问卷时的年龄。

问答题太复杂

有时候,研究者设计的问答题会过于复杂。现在,请想象一个有点夸张的场景:一位访问员严肃认真地对着受访者朗读这样一个问题"我相信人生是无止境的挣扎,我们一次又一次地在道德与欲求的冲突中寻求平衡,我们在快乐和痛苦之间循环往复,沉迷于苦乐交加的回忆中难以自拔。直到有一天,咣当,我们一脚踏进了死神的血盆大口。"可怜的受访者一头雾水,呆呆地望着访问员,后者完全没有给他喘息的时间,继续严肃认真地问:"请问您对以上说法是同意,还是不同意?"①

一个过于复杂的问题,可能是复杂在询问的事项本身(如上例),或者复杂在表达的方式,比如下面的这个例子:

表达过于拗口的问答题示例

您是否同意以下表述:咖啡厅不应该不提供免费 WiFi 给顾客。

这个问题的表述使用了双重否定,可能有些拗口,除非有什么特别的研究需要,在问卷的设计中,我们应该尽可能避免双重否定的表述。除了表述拗口之外,研究者也可能在一个问答题中询问多个事项,比如下面的这个例子:

询问多重事项的问答题示例(一)

您是否同意以下表述:我爱吃粤菜、川菜、湘菜、泰国菜、日本菜、法国菜,以及尼加拉瓜菜。

是不是让人听上去有点晕? 如果说拗口的问题还有可能得到符合被访者真实情况的回答,这类一题多问的问题(double-barreled question)就完全让被访者无从答起了。以上的例子太夸张了,你可能会想,这太离谱了,谁会傻到这样问问题啊! 但其实一题多问的状况相当常见,也并不总像上面的例子那么容易被察

---

① 本例子翻译自 George Price 的漫画。

觉。下面请看两个一题多问的例子,你能分辨出它们各自询问了哪些事项么?

询问多重事项的问答题示例(二):请尝试列出每个问答题询问的事项

1. 请问您对本公司的服务和收费是否满意?

_____

2. 您是否同意本公司应加大创新力度以提高竞争力?

_____

回答完毕了么?第一题应该很简单,它询问了两个事项,分别是被访者对有关公司的"服务"和"收费"的满意程度。第二题也应该要分两道题目询问,你看出来了吗?它们分别是

1. 您是否同意本公司应加大创新力度?
2. 您是否同意加大创新力度可以提高本公司的竞争力?

一题多问对研究者和被访者的时间和精力都是一种浪费,因为得到的答案缺乏参考价值。比如那些表示对"服务和收费"不满意的被访者,我们无从得知他们究竟是对"服务"还是对"收费"又或是对两者都不满意。设计问卷的时候大家要小心不要犯这个常见错误哦。

诱导性的问答题

所谓诱导性问答题(leading question),简而言之,就是诱导被访者提供某类答案的问答题。它可能是问卷设计中一个更为常见、更容易被忽略、也因此更具有危害性的错误。请看下面的一个问答题:

诱导性问答题(leading question)示例(一)

人们有时候担心会在消闲的时候错过了重要的邮件,您认为本咖啡厅是否应该向顾客提供 WiFi 服务呢?

怎么样,感觉到这个问答题的措辞有什么不恰当的地方么?它可能会影响你

的回答么？如果有影响,是怎样的影响呢？接下来让我们看看同一种问题的另一种问法,请问这两种问法得到的答案会有怎样的不同呢？

诱导性问答题(leading question)示例(二)

人们常常沉迷于网络,忽略了近在眼前愿意与他们倾谈的朋友,您认为本咖啡厅是否应该向顾客提供 WiFi 服务呢？

看出来了么？以上的"示例(一)"诱导被访者对提供 WiFi 服务表示支持,而"示例(二)"诱导被访者对提供 WiFi 服务表示反对。试想,如果我们看到的数据报告里,只告诉我们有多少比例的被访者支持提供 WiFi 服务,而没有告诉我们具体的问法,作为读者我们是不是也会被误导呢？所以,数据未必是科学的,盲目相信数据可能比盲目不相信数据的后果更严重。当然,认真学习数据收集的你们就可以了解其中的陷阱,理性地、谨慎地对待数据,避免误导与被误导。

以上的两个例子是比较明显的诱导性问答题,但是问卷问答题的诱导性有时候会相当神不知鬼不觉,这也成为研究者感兴趣的研究问题。请看下面的两个问答题,你觉得它有任何的诱导性么？

停一停,想一想:这个问答题有诱导性么？

A. 如果产前检查发现肚子里的宝宝有严重的生理缺陷,你会选择终止妊娠么？

B. 您是否经常头痛？

_____

_____

怎么样,找到可能的诱导性了么？如果我们把问答题 A 里的"宝宝"换作更为中性的表述"胚胎",你觉得得到的答案会有区别么？是不是"宝宝"比"胚胎"听上去要更亲密、更亲切一些呢？假设这是一项民意调查里的一道问答题,研究者在问题措辞中使用"宝宝"(而不是"胚胎"),他们得到的民众选择终止妊娠的比率[①]

---

① 真的有研究者作了有关的研究,感兴趣的话请阅读这篇文献 Singer E, Couper M P. (2014). The effect of question wording on attitudes toward prenatal testing and abortion[J]. Public Opinion Quarterly, 2014, 78(3): 751—760.

会不会偏低一些呢？如果我们把问答题 B 里的"经常"去掉，把问题修改为"您是否有时会头痛？"你觉得得到的答案会有区别么？在一项研究中，研究者发现在被询问"是否经常头痛"的被访者中，自我汇报的头痛次数均值是每周 2.2 次，而被询问"是否有时会头痛"的被访者中，这个次数变为每周 0.7 次，问题的措辞显著影响了被访者的答案[①]。

问卷调查中的"诱导"真的可能相当隐蔽对不对？研究者在编写问卷的时候，要谨慎地推敲有关措辞，防止诱导性问题的出现。

社会期许偏差及其规避

还记得我们之前聊过的社会期许偏差么？记忆有点模糊？没关系，让我们来尝试回答下面几个问答题。

停一停，试一试

下面你将会看到一些说法或者问答题，请圈选最符合你个人情况的回答。

1. 我有时会嫉妒别人的好运							
完全不符合	1	2	3	4	5	6	7	非常符合

2. 我有时会质疑自己是否有能力获得成功							
完全不符合	1	2	3	4	5	6	7	非常符合

3. 我会毫不犹豫地帮助那些有困难的人							
完全不符合	1	2	3	4	5	6	7	非常符合

4. 遇到那些我不了解的事情，我从不介意承认自己的无知							
完全不符合	1	2	3	4	5	6	7	非常符合

答完了么？感觉如何？以上 4 题都来自 Marlowe-Crowne 社会期许回答量表[②]，你回答的时候有什么感觉？第 1—2 题是两个负面但是却普遍的特质，所以，选择"完全不符合"很有可能是符合社会期许而非真实情况的回答；同样的，第 3—4 题是两个正面但却罕见的特质，所以，选择"非常符合"也很有可能是符合社会期

[①]　请参考 Loftus E F. Leading questions and the eyewitness report[J]. Cognitive Psychology，1975，7(4)：560－572. 在这篇论文中，作者用实验的方法探究了诱导性问题的影响。

[②]　Crowne D P，Marlowe D. A new scale of social desirability independent of psychopathology[J]. Journal of Consulting Psychology，1960，24：349－354.

许而非真实情况的回答。

在问卷设计的过程中,研究者要留心审视问卷中的问答题,看看有没有哪些问答题会引致社会期许偏差。如果有的话,我们要怎么做来规避,或者至少减少它的影响呢?

其中一种做法,叫作保住面子策略(face-saving strategy),我们在提问前告诉被访者,我们接下来要了解的负面特质其实挺普遍。就比如上面例子里的第 1 题"我有时会嫉妒别人的好运",如果在题目前面加上"研究显示嫉妒是一种普遍的心理现象",也许会让被访者更不失面子地给出真实的回答。不过,这个"保住面子策略"有没有可能造成一些不期然的坏影响呢?你大概已经有所察觉了,这样的提问方式也许会有诱导的成分在——告诉被访者"嫉妒是一种普遍的心理现象"也许会矫枉过正,诱导被访者提供与这一研究结果一致的结论。

对于那些很可能会导致社会期许偏差的研究问题,比如激发盲目从众行为(conformity)的因素,比如旁观者效应[①](bystander effect)的成因,因为涉及的行为比较负面,自我报告法(self-report)可能不是一种最合适的测量方法。相对的,他人报告法(other-report)和观察法[②](observation)可能更为合适。前者比较简单,是请被研究对象以外的人(比如他的家人、同事、朋友)来填答问卷从而降低社会期许的影响,而后者与社会期许偏差的关系我们会在下一章中更详细地讨论[③]。

这么多陷阱!怎么办?

在本节的前面部分,我们讲了不同的问答题类型及他们各自的优劣,还讨论了一些问卷设计中的典型错误,是不是讲得让你有点担心了:怎样才能设计出一份好问卷呢?好像有许多陷阱,一不小心就会产生各种各样的纰漏。

不用担心,待我们传授给你们两个秘诀吧。首先,还记得我们在第 2 章和第 3 章都一再强调的,要借鉴前人的研究么?当一个概念刚刚提出来的时候,它的概念化(conceptualization)和操作化(operationalization)都是尚待完善的,但就像在

---

① 旁观者效应(bystander effect)是这样一种心理现象:在有陌生人需要帮助的紧急情况下,人们出手帮助的可能性随着旁观者数量的增多而降低。举个例子,旁观者效应理论预测:如果有人在地铁站突然晕倒,他晕倒时旁观者越多,他得到帮助的可能性就越低。有关的研究认为,旁观者效应产生的其中一个原因是责任感扩散(diffusion of responsibility),旁观的人越多,这些旁观者感受到的对事件的责任感就越低,因此就越容易袖手旁观。

② 关于自我报告、他人报告和观察法这三种测量方法,可详见本书第 3 章第 3 节中的介绍。

③ 请参考第 6 章第 2 节中针对敏化(sensitization)效应的讨论。在一个考察从众行为的实验中,研究者需要观察被试的行为,但为了避免敏化效应,他们要在被试不知情的情况下进行这样的观察。

第3章第1节里讨论的测量,或者说研究本身并不是孤独的行程,后人会不断地尝试提炼、测试和改进有关的概念和测量。如果我们可以参考这些前人的努力,至少我们可以避免重复前人已经犯过的错误。在第3章第1节里,我们推荐了两篇有关的综述性文章,这里再推荐一篇,请一定尝试浏览其中至少一篇文章,感受一下我们的研究可以怎样得益于前人的努力。

延伸阅读:关于概念化和操作化的综述性文章举例

Cohen J. Defining identification:A theoretical look at the identification of audiences with media characters[J]. Mass Communication & Society,2001,4(3):245—264.

我们要介绍的第二个秘诀也一点都不神秘,它就是我们之前提到的前测(pre-test)。在一个问卷设计完成之后,一定要请人试答一下才正式开始大规模的调查。否则,一旦事后发现问卷有什么纰漏,导致数据缺乏参考价值,大量的人力物力都已经付之东流了。

参加前测的被试对象最好是目标总体的成员。他们的人数不需要很多,但最好能足够多样[①],并一定要确保研究者和每一位前测的被试对象都充分交流,充分了解他们对问卷的任何疑虑不解和在回答过程中遇到的任何困难。前测的目的,是研究者要在被试对象的帮助下,尽量多地找出问卷中可能存在的问题。我们作为研究者要有足够开放的心态和宽大的胸怀,鼓励这些被试尽量"拍砖",千万别客气。

5.3 问卷调查的实施

访问方法比较

除了问卷设计之外,问卷调查还有一个很重要的考量,那就是访问方法。我们接下来会讨论各种方法的长处、短处和适用情况,而且我们的问卷有时也需要配合不同的访问方法来作相应的调整。

[①] 比如,如果我们想测试一份网上问卷透过智能手机应答时的表现,我们就需要让使用各种不同品牌型号手机的人都来帮我们做前测,以保证我们能发现和改进尽可能多的潜在问题。

最常用的问卷调查方法主要有电话访问(telephone interview)、面访(face-to-face interview)、邮寄问卷(mail survey)和网上调查[①](online survey)四大类。电话访问又分为传统的电话访问和我们前一章聊过的计算机辅助电话访问(computer-assisted telephone interview,CATI)。而根据访问员和被访者之间互动程度的不同,面访也可以分为访问式调查和自填式调查,前者由访问员读出问答题并记录被访者的答案,后者由被访者自己填答问卷。落实到具体的面访操作上,比较常用的有入户面访(比如到抽中宿舍、班级里去访问相应同学;到抽中的居民家里去访问某个家庭成员)和拦截式面访(比如在商场里拦截并邀请消费者接受调查)。邮寄问卷调查也可以有多种形式,例如将问卷刊登在报纸杂志上、留置或邮寄到被访者家中,然后请求被访者填答后寄回,后者常常会附上贴好了邮票的回邮信封。网上调查是近年来越来越常用的一种问卷调查方式,它可以分为网站/网页调查,电子邮件调查和弹出式(pop-up)调查等。

在下面的表 5.1 里,我们尝试总结了几种常见的访问方式在不同方面的表现。

表 5.1　几种常见访问方式比较

评价准则 (高中低三级)	CATI	入户面访 (互动)	入户面访 (自填)	拦截式 面访	网上调查
样本控制	中~高	可能高	可能高	中	低~中
回应率	中	高	高	中~高	低~中
题型多样性	低	高	中~高	高	中~高
可行问卷长度	中~长	中~长	中~长	短	短~中
环境控制	中	高	中	高	低
保密性	低~中	低	低	低	高
社会期许偏差	中~高	高	高	高	低
可能访员偏差	低~中	高	低	高	无
速度	中	慢	中	慢	快
费用	中	高	高	中~高	低~中

首先,让我们考虑两个与样本有关的维度。第一,是研究者对样本的控制,也就是说,我们多大程度上可以根据既定的抽样方法,科学地抽取我们的样本,如果我们有完整的总体成员列表,入户面访在这方面的表现可以最突出。紧随其后的

---

① 也称为在线调查。

是由计算机辅助生成随机号码的电话访问(CATI),虽然号码和总体成员的关系不一定是一一对应的[①],但样本的生成仍是一个随机的、排除人为因素干扰的过程。我们考虑的第二个维度,是回应率(response rate),抽中样本的质量高固然重要,但如果回应率太低也会让完成样本的质量大打折扣。

接下来让我们考虑两个与问卷设计有关的维度,我们可以有多种题型吗?我们的问卷可以有多长?一般来说,相对于电话调查的听读问卷,可阅读的问卷可以容纳的题型多样性要高一些(比如可以请被试选择最喜欢的图案),而如果是互动式的面访,可以容纳的题型多样性就更高了(比如可以拿出实物或卡片请被试选择)。说到问卷长度,网上调查因为缺乏访问员监督,问卷需要尽量精简,否则就会导致大量的中途退出;而拦截式面访因为被访对象常常行色匆匆,问卷自然也需要短小精炼;而相对的,电话调查和入户面访就可以承受稍长的问卷。

接下来,让我们考量四个与问卷执行过程有关的维度。首先,我们是否能控制被访者的答题环境?显然网上调查是最缺乏控制的(如果被访者边答题边玩游戏边聊天边吃外卖,我们都是无能为力且一无所知的),而相对的,互动面访则能达到最强的控制。接下来我们要讨论的是"保密性",即被访者多大程度上觉得自己的答案是匿名的,自己的隐私是得到保障的。在这个维度上,网上调查最具优势,各种面访最缺乏保密性,电话访谈虽然有一定的私密性,但因为访问员毕竟知道被访者的电话号码,而且访问可能被录音,因此被访者感受到的私密性也未必会很高。与"保密性"密切相关的维度,就是我们之前多次讨论过的社会期许偏差(social desirability bias),如果被访者感受到的私密性高,那么他/她就更可能提供那些符合事实却未尝符合社会期望的回答。最后,问卷执行过程中,如果访问员有意无意间表现出了自己对答案的偏好(比如在听到某些答案的时候皱眉头或者嘲笑),那么这多少会对被访者的回答产生影响。这些影响在互动式的面访中是最难控制的,因为访问员很难保证完全不流露出任何的个人偏好;在电话访谈中,我们可以通过严格的训练来尽量减低这种影响;而访问员的影响在网上调查中可以说是不存在的。

当然,我们也需要考量不同访问方法消耗的资源。从研究者的角度,网上调查消耗的时间、人力和物力可能都是最低的;而互动式的入户面访则可能最花时间,也涉及最高的费用。

以上的总结主要是想要列出相关的标准,供你针对每一个研究题目,综合考虑来选择最合适的访问方式。比如如果你的问卷特别长,里面涉及多种题型,那么CATI访谈可能就不太合适了;如果你的研究特别需要避免社会期望偏差,那

---

① 详见上一章关于抽样的讨论。

么网上调查、邮寄问卷调查①或者 CATI 可能就是有相对优势的访问方式。总之，没有哪个访谈方式是完美的、力压群雄的，作为研究者，我们要根据每个研究项目的具体情况，分析选择最适用的访谈方法。

调查实施中的质量控制

研究设计得再好，如果不能保证实施的质量，结果也可能会是前功尽弃的。不同访问方法的实施会有所不同，让我们尝试简单地以面访和 CATI 访谈为例，说明一下实施时的注意事项。

访问规划之访问员的选择

你希望有朝一日可以领导一个大的研究项目吗？想不想从尝试作访问员开始？让我们先为你介绍一下访问员的选拔要求吧。当一个项目选择访问员的时候，选择的标准大致有两类：一类是由当下的研究问题、调查地区和调查对象的特点所决定的标准（下面称为特殊条件）；另一类是所有访问员都应该具备的素质（下面称为一般条件）。接下来我们就看看这两大类条件。

先来聊聊成为访问员的一般条件。首先，访问员必须要诚实、精确地记录访问的资料；其次，被拒访对访问员来说是家常便饭，所以，访问员要有足够的韧性和责任感，绝对不能轻易放弃和半途而废。除此以外，让我们来聊聊针对特定项目而言，研究者可能对访问员提出的特殊条件。

➢ 性别

有时候，研究项目会对访问员的性别有所要求或者偏好。如果是入室面访，出于安全和回应率的考虑，我们通常会派一男一女两位访问员共同进行。如果是关于婚姻或家庭的调查，可能女性访问员会更为合适。

➢ 年龄

对于年轻人感兴趣的话题，比如网游、手游，可能选用青年访问员较好。对于老年受访者，也许以年龄较长的访问员为佳。

➢ 教育

在研究复杂问题的时候，我们可能需要学历较高和经验较丰富的访问员。

---

① 邮寄问卷的方式现在已经不太常用，不过你可以尝试用我们在这里讨论的相关标准来考量一下这种访问方式吗？

② 访问的过程中有很多的细节需要注意，我们在这里先简单介绍一下，如果想要了解更多，可以参考柯惠新、王锡苓、王宁编著的《传播研究方法》的第五章。

> 地区和方言

我国地域广大,民族众多,各地区的风俗习惯、语言等差异颇大,并且城乡之间也有一定的差异。因此,我们在选择访问员时要充分考虑这点,尽量选择当地的、同民族的人作为访问员。

我们以上总结的都是一些经验之谈,可以参考,但不能照搬。针对一个特定项目选择访问员的大原则是:访问员与受访者背景越相近(如职业、社会地位、地区、民族等),访问效果就越好。特别是对于那些敏感性的问题,如民族、宗教等问题,为减少回答的误差,最好的办法就是使用一个与受访者特征大致相同的访问员,即两者具有的共同特征越多,成功的可能性就越大。

访问规划之访问员的培训

就像访问员的选择一样,对访问员的培训也有两种情况:常规的培训,以及针对某个具体项目的特别培训。对于第一次参加访问的访问员,都要进行常规性质的培训和即将实施项目的特别培训。如果是有丰富经验的访问员,一般只要了解即将实施的项目、熟悉所使用的问卷和相关材料即可。

入门的培训或常规的培训可以帮助访问员了解访问的基本流程和注意事项,包括怎样确定访问对象(包括抽样和配额的方法)、怎样问候(开场白)和确认合格的被访者(包括筛选方法)、怎样进行对话[①]、怎样做记录,以及怎样结束访问。作为研究者/培训者,我们除了要向访问员解释"怎样做"以外,还要让大家知其然且知其所以然,让访问员了解每个做法的理由以及不这样做会造成的后果。最重要的入门培训,可能是职业道德的教育。我们要让访问员了解到他们在调查实施过程中起着非常重要的作用;他们必须要诚实、客观、认真和负责;还有访问员应履行为受访者保密、为客户保密的职责。

而针对某个具体项目的特别培训当然会随研究项目的不同而有所调整,不过大致上需要包括以下内容:研究者/培训者向访问员们介绍调查项目的概况[②]和调查实施中的注意事项;最好能由培训者示范进行一次模拟的访问,以某个访问员为对象,将问卷从头至尾"演习"一遍,包括开场白、问卷中的每一个问题的问法和记录要求,等等;然后大家一起讨论可能出现的问题,给出解决的方法;最后最好

[①]　请参考下一章关于来自研究者的"替代解释"(alternative explanation)方面的内容,如果研究者/访问员在研究过程中不够小心,他/她可能会损害研究的"内在效度"(internal validity)。

[②]　特别值得注意的是,研究者只能告知访问员大致的研究目的,很多时候访问员是不应该知道具体的研究假设的,否则可能会产生所谓的"研究者要求效应"(experimenter demand effect)而影响研究的内在效度,下一章我们会更详细地讨论这个问题。

让每一个访问员都相互练习做1－2个访问,帮助他们熟悉所有的细节。

访问技巧之如何获得允许和启动

好的开始是成功的一半,访问员与受访者最初的接触是能否获得合作的关键一步。所以,开场白非常重要,最有效的开场白往往是非常简短的,如果是拦截式的面访,一般对调查项目不做解释(使受访者马上开始回答问题);另一个基本原则是:不要请求获得允许(否则拒绝率高)。请参考下面的例子:

简明扼要、不请求获得允许的开场白举例

您好! 我叫＿＿＿＿＿＿,是中国传媒大学调查统计研究所的访问员。我有一些关于互联网使用的问题想要了解。请问,…(**马上开始问第一个问题**)。

如果是入户面访,敲开门以后,访问员首先要自我介绍,简要地说明来访目的以及为什么要进行此项研究。此外,有时候为了消除被访者的顾虑,我们还要简单地跟他/她解释抽样的过程(即他/她是如何被选出来的),同时确保对他/她的回答将给予保密。

访问技巧之如何提问和追问

关于访问员和被访者的互动,我们有两个最重要的原则想要跟你分享:

第一个原则是访问员不能以任何方式影响被访者的回答。访问员绝不能显露出自己的立场、态度和期待,如果访问员(不自觉地透过表情、语气)对被访者的某些回答表示出不屑,而对另一些回答表示出赞许,这些反应可能会导致社会期许偏差,使被访者的回答受访问员喜好的影响。

第二个原则其实是第一个原则的延伸,我们要保证每位访问员都严格按照规定的流程,严格的丝毫不差地按照问卷中的措辞来提问。和上一条原则一样,我们这样做是为了尽量避免访问员影响被访者的回答。理想状态下,如果由不同的访问员访问同一位被访者,得到的答案应该是完全一致的[1]。

---

[1] 我们这里讨论的是定量的问卷调查中的访问。关于定性调查中访问的原则,请参考袁方、王汉生《社会研究方法教程》(北京大学出版社)中的第九章"访问法",特别是第二节"无结构式访问"。

访问中有时会出现棘手的情况,如果出现被访者没能理解访问员的问题,或者访问员没能理解被访者的回答,或者访问员需要被访者进一步阐明和扩展自己的回答的时候,访问员的解释、追问都要继续严格遵循上面提到的两个原则,这真的很考验访问员的经验和应变能力,让我们在这里帮你支支招吧,你可以:

➤ 复述问题,每当被访者支支吾吾或看起来没有理解问题时,我们可以再将问题复述一遍;

➤ 复述被访者的回答,如果我们不能肯定自己理解了被访者的回答时,可以复述被访者的回答,让他/她确认;

➤ 停顿,如果认为被访者的回答不完全,我们可以停顿不语,表示等待他/她继续谈完;

➤ 如果停顿无效,我们可以尝试用中立的追问语请被访者扩展自己的回答,比较常用的追问语有"还有其他呢?""您指的是什么?""您为什么那样认为?"等。

访问技巧之如何记录

在调查中记录受访者的回答似乎很简单,但其实也有一定的难度,特别是对于开放式的问答题,以下是我们的一些经验之谈,供你参考:

➤ 在访问期间随时记录回答,不要过后补记;

➤ 用受访者自己的语言(即逐字逐句地按原话记录);

➤ 不要试图在记录中对受访者的回答进行归纳总结或解释;

➤ 记录与问答题有关的全部内容,包括受访者的非语言交流的状况,以及谈话时间、地点、环境等;

➤ 记录所有的追问语和对应的回答;

➤ 边记录边重复所记录的答案。

在客观、准确、逐字逐句地记录被访者的回答之外,访问员还可在页边写下自己的一些观察和总结,这些页边的评论是很有价值的。但我们一定要明确地将自己的分析判断与客观的访谈记录严格区分开来。

访问技巧之如何结束访问

结束访问是访问中的最后一个环节了,访问员一定要确认所有的信息都收集到了以后才能结束访问。为使调查信息完备,访问员最好问受访者:"我们忽略了什么没有?""我们有什么地方没有谈到?"或"您还愿意告诉我些什么?"之类的问题以结束调查。此外,访问员也应当回答受访者关于调查项目的提问,要让面访给受访者留下一个好印象。最后对受访者的合作表示感谢,面访通常需要赠送一个小礼品。

对于电话访问的情况,上述的多数访问技巧和注意事项仍然适用,但是在某种意义上电话访问对访问员的要求是更高的,因为访问员只能通过声音来打动受访者参与回答。电话调查要求访问员声音要亲切有礼貌,而且必须既清楚又快速(超过 15 分钟,受访者拒访或提前中断的数量会明显增加)。

5.4 问卷调查方法的"致命弱点"

因果关系的谜团

问卷调查是一种相当常用的数据收集方法,它非常有效率,结合科学的抽样和问卷设计,它可以帮助我们在相当短的时间里,描述和了解一个相当大的目标总体,比如调查全校、全省甚至全国民意。在样本量相同的情况下,问卷调查比邀请所有受访者到实验室里参加实验所耗费的时间、人力和物力要少得多。不过,下一章我们还是要好好跟大家讨论实验这种数据收集方法。你也许会问,为什么有了问卷调查这么好用的方法,我们还是需要实验法呢? 这就要从问卷调查方法的一个致命弱点说起。

为了解释这个"致命弱点",让我们一起来想象这样一种情况。假设作为研究者,我们想分析研究观看禁烟广告是否可以让大众对吸烟行为持有更为负面的态度,你可以尝试在图 5.5 里写出这个研究问题涉及的核心变量吗?

图 5.5 找出研究假设里的自变量和因变量

对,我们的自变量是"观看禁烟广告",而我们的因变量是"对吸烟行为的态度",假设自变量对因变量有负面的影响,即观看禁烟广告越多的人,对吸烟行为的态度就越负面。假设我们做了一个问卷调查,询问人们观看禁烟广告的情况(如时间、频率和观看时投放的注意力),以及他们对吸烟行为的态度,通过数据分析,我们真的发现,两者之间有负相关关系,也就是观看禁烟广告越多的人,对吸烟行为的态度就越负面。好了,问题来了,我们是不是就可以说,观看禁烟广告导致对吸烟行为的负面态度,即两者之间有因果关系呢? 为什么? 一定要把你的想法写下来然后再继续往下读哦!

停一停,想一想

　　问卷调查发现,观看禁烟广告越多的人,对吸烟行为的态度就越负面,我们可以下结论说前者导致后者么? 为什么?

_____

_____

　　怎么样? 你发现了么? 通过问卷调查,我们虽然发现"观看禁烟广告多"和"对吸烟持负面态度"两件事情同时发生,但是我们不知道孰为因孰为果,有可能像我们假设的一样,禁烟广告导致人们对吸烟呈负面的态度,即禁烟广告收看是因,对吸烟的态度是果;但也可能是相反的因果关系:那些对吸烟持负面态度的人,可能更不会在看到禁烟广告的时候转台,也可能会更留意并记得自己看过的禁烟广告,简而言之,对吸烟的态度是因,(自我报告的)禁烟广告收看是果。

　　这几乎就是问卷调查的死穴了,如果我们通过问卷调查得到 A 和 B 相关,我们并无法确定 A 和 B 是否有因果关系,孰为因果。再举个例子,如果我们发现看电视比较多的小朋友同时也比较胖,我们不知道是因为电视观看导致了肥胖(因为接触垃圾食品广告和缺乏时间运动),还是因为肥胖导致小朋友更愿意留在家里看电视(而不是出门和朋友们玩、做运动)。

　　怎么办呢? 如果我们做研究是因为我们好奇这个世界的运作方式,是因为我们想要找到办法让这个世界向好的方向发展,那我们确实必须得知道因果。比如,如果我们想要的结果是"减少吸烟人口",那我们就需要知道禁烟广告是不是有效的禁烟手段(即是不是"因"),如果是的话,我们就可以通过加大禁烟广告的投放来减少吸烟人口了。

　　因果关系是如此重要,可问卷调查这种方便又好用的数据收集方法却又无法帮助我们确定因果关系,那我们要如何是好呢? 别着急,接下来我们就要介绍两个解决思路给你呢!

纵向调查

解决思路一，就是做纵向的问卷调查。我们之前介绍的，在一个时间点做的一次性的问卷调查，叫作横断式问卷调查（cross-sectional survey），它的确是无法确定因果关系的；而纵向的问卷调查（longitudinal survey）却不同，通过在两个或更多时间点获取数据，它比一般的横断式问卷调查更能帮助确定因果关系。

回到禁烟广告的例子，假设我们提前知道未来的一个月在主要的电台、电视台都会有大量禁烟广告投放，那么我们就可以在广告投放前后分别做两次问卷调查，看看公众的态度是否有明显的前后差异。如果在广告投放之后，公众对吸烟的态度真的比播放之前变得更为负面了，我们也许就可以更自信地说，是观看禁烟广告导致了人们对吸烟行为持更为负面的态度。我们称这样的问卷调查为趋势调查（trend survey）。我们在不同的时间点，对同一个目标总体进行抽样调查，然后通过比较不同时间点的结果来了解有关变量的变化趋势。它比横断式问卷调查更能探究因果关系，但你知道吗？这种探究也不乏漏洞哦。

停一停，想一想

如果趋势问卷调查发现，大量禁烟广告投放后，公众对吸烟行为的态度比之前更负面了，我们可以以此推断禁烟广告与对吸烟的态度之间的因果关系么？为什么？

_____

_____

_____

怎么样，想到了么？在趋势调查里，广告投放前后我们分别做了两次调查，抽取了两个样本，如无意外，我们当然应该使用同样的抽样方法来抽取这两个样本，但即便如此，我们也知道这两个样本很可能不会一模一样。想象一下，假设你用抽签的方法从你的班级里抽取 5 位同学，如果你可以抽两次的话，你有多大可能性会两次都抽到同样的 5 个人呢？

如果两次趋势调查的样本注定不一样，那么当两个样本呈现出对吸烟不同的态度时，这种不同既可能来自目标总体吸烟态度的变化，也可能来自样本的变化①。关于这个问题,有没有什么改进的办法呢？对的,答案非常简单,那就是前后调查都使用同样的样本呗。我们将这种追踪同样的调查对象,在不同的时间点对他们进行调查的方法叫作固定样本调查(panel survey)。相对于趋势调查,这种调查更能避免样本不同造成的误差。不过,即便是在固定样本调查中,几次调查之间总还是难免有样本损耗(panel attrition),即首次调查的样本成员因为种种原因没能参加后续的调查。如果退出固定样本调查的成员和那些留下的成员有什么系统性的差异(比如前者更多为烟民),那么这种损耗也会对研究本身构成挑战,所以,使用固定样本调查方法的研究者要谨慎地发现并分析样本损耗。

假设我们观察的这个研究团队特别努力地跟进样本,并且也特别的幸运,他们在大量禁烟广告投放前、后调查的固定样本没有任何的损耗,也就是说,他们在广告投放前、后调查了完全一致的两个样本。那么,凭借观察这两个样本之间是否有差异,是否就能够帮我们自信地判断因果呢？

停一停,想一想

　　如果固定样本调查前、后没有发现对吸烟态度的差异,我们是否就能判断,禁烟广告对改变吸烟态度没有效果？为什么？

_____

_____

_____

怎么样,想到了么？我们虽然调查的是同一组人的变化(或者不变),但我们却无法确定这变化/不变的真正原因。我们知道,除了当时正在大量投放的禁烟广告,人们还会接触到很多其他丰富的媒体内容。比如说,也许当时各大电视台正在热播一部侦探片,而里面的主角,机智勇敢沉着正直的大侦探一琢磨案情就开始抽烟,这对公众对吸烟的态度可能多少也有些潜移默化的影响。那么,当人们同时接触"禁烟广告"和"吸烟侦探"时,研究者就很难了解"禁烟广告"对他们吸烟态度的真正影响了。如果固定样本在禁烟广告投放前、后没有改变他们对吸烟的态度,我们能说禁烟广告没效果吗？也许如果没有大量播放的禁烟广告,由于

---

① 当然,统计学家们对这个问题有他们的解决办法,简单地说,我们可以容忍一定的样本误差(即样本不同造成的误差),但是当差异大到一定程度的时候,我们就判断是目标总体的吸烟态度发生了变化。想进一步了解这个问题的话,请参考任何探讨抽样调查数据分析的书籍(如本章延伸阅读《抽样调查理论与方法》,冯士雍等,中国统计出版社),阅读和"抽样误差"(sampling error)有关的内容。

"吸烟侦探"的影响,人们对吸烟的态度会变得更为正面也不一定呢!

这就是连固定样本调查也无法解决的难题:除了我们感兴趣的自变量以外,同时还可能有其他对我们的因变量产生影响的因素。所以,如果前、后两次调查显示因变量发生了变化,我们还是不能肯定,这些变化是不是由我们的自变量造成的。

怎么办呢,那我们是不是永远也无法确定因果关系了?别担心,我们下一章要介绍的数据收集方法"实验",就是用来解决因果关系这个大难题的。敬请期待!

伪装成问卷调查的实验

在本章的最后,让我们卖个关子,在下一章介绍实验之前,跟大家介绍两个伪装成问卷调查的实验研究。

我们要介绍的第一个研究,是 Schwarz 和 Clore 在 1983 年做的问卷调查,在这个研究里,他们请被访者回答和自己幸福程度有关的问题。有些被访者是在晴天接受访问,而有些被访者是在雨天接受访问。请猜猜看研究者为什么要这么做呢?另外,你觉得在晴天和在雨天接受访问的人汇报的幸福程度会有不同吗?为什么?如果存在晴天和雨天的不同,你知道研究者可以怎样令这样的不同消失吗?

我们要介绍的第二个研究,是 Shrum 在 2007 年做的一次问卷调查,在调查中,他问的是典型的"涵化理论"问题。涵化理论简单地说,就是指媒体会塑造重度媒体使用者的社会认知:相对于轻度媒体使用者,重度媒体使用者更倾向于高估那些在媒体上得到过度呈现的社会现象的普遍程度,比如他们会高估犯罪率,比如他们会高估有钱人、律师、警察等常在媒体上出现的人群在社会上的比率。在 Shrum 的这次调查里,他通过问卷调查了解被访者的"媒体使用"和"社会认知",看看两者之间是否有涵化理论所预测的关联。特别有趣的是,他采取了两种不同的访问方式来做这个问卷调查,他把被访者随机分成了两组,一组收到邮寄的问卷,一组通过电话调查接受访问。猜猜看,他为什么要这样做呢?邮寄问卷和电话调查的结果会有什么样的不同呢?为什么?

关子先卖到这里,我们下一章会更详细地跟大家介绍这两个研究,所有的这些问题都会迎刃而解的。说到这里是不是有点迫不及待了,那就赶紧翻到下一章,开始探索实验这种强劲的数据收集方法吧。

延伸阅读:

[1]Cohen J. Defining identification: A theoretical look at the identification of au-

diences with media characters[J]. Mass Communication & Society，2001，4
（3）：245－264.

[2] Friborg O，Martinussen M，Rosenvinge J H. Likert-based vs. semantic dif-
ferential-based scorings of positive psychological constructs：A psychometric
comparison of two versions of a scale measuring resilience[J]. Personality
and Individual Differences，2006，40(5)：873－884.

[3]Singer E，Couper M P. (2014). The effect of question wording on attitudes
toward prenatal testing and abortion[J]. Public Opinion Quarterly，2014，78
（3）：751－760.

[4]冯士雍,倪加勋,邹国华. 抽样调查理论与方法[M]. 北京:中国统计出版
社,2012.

关键词：

控制变量（control variable）

调节变量（moderator）

主影响（main effect）

交互影响（interaction effect）

中介变量（mediator）

李克特量表（Likert scale）

李克特类型量表（Likert-type scale）

默许偏误（acquiescence bias）

一题多问的问题（double-barreled
question）

诱导性问题（leading question）

保住面子策略（face-saving strategy）

电话访问（telephone interview）

面访（face-to-face interview）

邮寄问卷（mail survey）

网上调查,也称在线调查（online sur-
vey）

计算机辅助电话访问（Computer As-
sisted Telephone Interview，CATI）

横断式问卷调查（cross-sectional sur-
vey）

纵向的问卷调查（longitudinal survey）

趋势调查（trend survey）

固定样本调查（panel survey）

思考题：

1.请根据一个你感兴趣的研究问题/研究假设设计一份问卷。

> 为它画出概念图,把自变量、因变量和（如有）其他变量[①]（控制变量、调节变量、中介变量）标示出来;

---

　① 不是所有的研究都一定包含所有这三类其他变量,具体的研究设计取决于研究者对已有文献及有关研究对象的理解和判断。

> ➤ 挑选问卷中的其中一个问答题,尝试"诱导性"的问法,比较和非诱导性问法的不同;

> ➤ 再挑选一个问答题,尝试"一题多问",比较和一题一问的不同。

2. 针对上题的问卷,你认为最适合的访问方法是什么? 为什么?

3. 找一个同学,让他/她扮演访问员,尝试和他/她完成整个访问员培训的流程(同时,你也可以扮演访问员,让他/她当受访者)。

4. 最后请从探究因果关系的角度评价一下你的问卷调查研究,如果你认为你刚刚设计的问卷调查不能很好地确认因果关系,你有什么改善的想法吗?

第6章 实验

听莫扎特音乐真的有助于婴儿的智力发展么？如果我们通过问卷调查，发现婴儿时期听莫扎特音乐的学龄儿童智力发展水平的确更高、学业成绩也更好，这能说明一种因果关系，即莫扎特音乐对这些儿童的智力发展起到了促进作用么？这个推测可能是对的，但除此以外，还有相当多其他我们难以完全排除的解释，比如会给孩子听莫扎特音乐的父母本身更关注孩子的教育，或者有更高的教育水平，或者有更高的智商。真正导致孩子们智力发展水平更高的，可能是这些因素，而不是莫扎特音乐本身。所以，如果想要真切地探究因果关系，我们需要实验的方法。在这一章里，我们会跟你一起揭开这种超级有用的方法的神秘面纱。实验原来并不那么遥远，我们甚至可以把实验设计融合到问卷调查里呢！

6.1　实验设计的逻辑基础

因果关系的三个前提

在某种程度上，我们可以说研究就是探究因果关系（causality）的过程，比如莫扎特音乐是否有利于婴儿的智力发展？暴力游戏会不会导致玩家在现实生活中有暴力举动？某种新药是否能有效医治它的针对症？

在研究中，我们有时会发现"相关关系"（correlation），也就是说，两个变量 X 和 Y 的值具有同时变化的趋势，它们可以同时增加、同时减少，或一个变量增加而另一个变量减少。但是，相关关系并不等同于因果关系。就像上文讨论的莫扎特音乐与智商的例子，两个变量之间同时变化的关系也可能是同时受到另一个变量的影响引起，这时两个变量之间的共变关系可能会有一定的逻辑性，但也可能缺乏任何逻辑上有意义的联系。对于后者，就称之为假相关或伪相关（spurious correlation 或者 nonsense correlation）。比如某地区一年中冰淇淋销量高的时候，溺死的人数也更多,我们可以说吃冰淇淋会让人更容易溺水么？ 显然不能,因为两者之间并无逻辑关系,他们只是同时受到季节或者说温度的影响而已(见图 6.1)。温度更高的时候,更多人吃冰淇淋,也更多人去游泳,仅此而已。

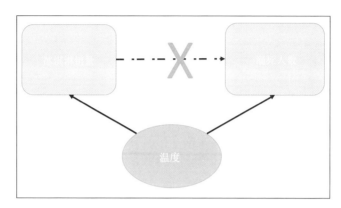

图 6.1　伪相关关系示例

除了伪相关,同时变化的两个变量之间还存在着另外一种可能性,那就是反向因果(reversed causality)。比如如果我们发现玩暴力游戏的青年人在生活中也表现得更为暴力,除了"暴力游戏导致暴力行为"这种因果关系以外,还有一种可能性,就是反向因果,也就是那些本来就有暴力倾向的青年人会更多地选择去玩暴力游戏。

好吧,看来"相关"并不能确保因果关系,在统计上相关的两个变量还可能真的没什么关系。这可让人有点头疼,我们究竟在什么情况下才可以判断两个变量之间有因果关系呢？

根据哲学家 John Stuart Mill 的分析,为了推断自变量和因变量之间存在因果关系,我们至少要确保以下三个前提:

因果关系的三个前提

1. 自变量必须发生在因变量发生之前。

很显然,如果自变量发生在因变量之后,它就不可能是导致因变量发生变化的原因了。比如,如果你在我讲笑话之前先笑了,那你肯定不是被我的笑话逗笑的。好吧,这听起来是不是简单到有点傻乎乎的？ 但是仔细一想,这一条看上去无比显而易见的前提条件,实现起来却一点也不容易,比如通过典型的问卷调查(即横断式,而非纵向的问卷调查),我们是在同一时间点获取自变量和因变量的信息,因此也就无法确定这两个变量发生变化的时间先后了。

2. 自变量与因变量之间有共变关系。

这一条看起来好像也是超明显,对吗?如果因变量不随着自变量的变化而变化,我们当然无法推断两者之间存在包括因果关系在内的任何关系。在现实生活中,人们还需要常常提醒自己:仅仅有共变关系,也是不够确定因果链条的(比如上文"冰淇淋"和"溺水"的例子),两个相关的变量可能根本连直接的逻辑关系都没有。

3. 自变量是因变量发生变化的唯一原因。

相对于前两个前提的显而易见,这个前提要复杂和抽象得多。它说的是,我们需要确保除了自变量以外,其他任何可能引致因变量发生变化的因素都已经被排除了,这样我们才能确定因变量的变化确实是自变量引起的。我们把这些可能影响因变量的因素统称为替代性解释[①](alternative explanation),因为它们可以替代我们的研究假设(自变量影响了因变量)来解释因变量的变化。换句话说,只有当我们能够排除这些替代性解释之后,才能验证我们的因果关系假设。

因果关系的这三个前提看起来好像并不太复杂,让我们来想想要怎样通过研究设计来实现它呢?举一个最简单的例子吧,假设某个制药公司研制了一种新药,它希望测试这种新药能否有效治愈病患。要设计一个什么样的研究才能满足因果关系的三个前提,从而检验新药与病愈之间的因果关系呢?请一定把你的大致想法写下来再往下读,并且记得:要针对以上讨论的每一个前提来仔细考量你的设计。

停一停,试一试

请设计一个能够满足因果关系三个前提的检验方法,来测试一种新药是否有效。

_____

_____

_____

_____

① 下文中也简称为"替代解释"。

怎么样,有把你的办法写下来么? 现在我们就针对因果关系的每一个前提来讨论要怎么设计这个研究。

首先,第一条是自变量要发生在因变量之前,这一点实现起来好像不难:我们只需要先给病患吃药,然后再观察病患的康复情况对不对? 这个看似简单的想法其实已经可以很好地带出实验设计的基本架构了。在一个实验里,有三个最基本的元素:被试(subject,participant);实验处置(treatment,即自变量 X)和对因变量 Y 的观察(observation)。研究者对被试进行实验处置,然后观察因变量的变化。具体到这个例子里,被试是患者,实验处置就是服用新药,而因变量就是病患的康复情况。所以我们请患者服用待测试的新药,然后观察他们的康复情况。"实验处置"是实验这种数据收集方法和我们上一章讨论过的问卷调查方法的一个根本区别。在问卷调查里,我们同时观察(observe) 我们的自变量和因变量,看看两者是否存在共变的关系。而在实验里,我们通常①操控(manipulate)我们的自变量 X,即对被试进行实验处置之后,观察我们的因变量 Y 随之发生的变化。

因果关系的第二条前提看起来也不难实现,如果想要证明自变量和因变量有共变关系,我们是不是可以只让部分患者服用待测试的新药,然后观察服用新药的患者的康复情况是否好过未服用新药的患者呢? 如果是的话,我们就可以证明两者之间的共变关系了。这里,我们又引出了实验设计的另一个重要概念,那就是实验组(treatment group)和控制组(control group)的区别。所谓实验组就是得到实验处置的组,他们服用了待测试的新药;而所谓控制组就是没有得到实验处置的组,他们没有服用待测试的新药。我们可以把实验组和控制组进行比较从而观察自变量和因变量的共变关系。

我们最后要讨论的这个前提,可能是三个前提中最难达到的一个:怎么确保自变量是因变量发生变化的唯一原因,或者怎么排除所有的替代性解释呢? 为了回答这个问题,研究者必须得有足够敏锐的洞察力,要一个都不漏地找出所有可能的替代解释。这个工作相当不简单,但也非常有趣,所以,让我们一起先来试一试吧。在上面的讨论中,为了满足因果关系的前两个前提,我们的设计是:把患者分为两组,一组服用新药(实验组),一组不服用(控制组),然后我们对两组患者进行观察,如果实验组比控制组的康复情况更好,我们就说,这个新药是有效的。针对这个设计,你能想到什么可能的替代解释么? 即除了新药的疗效以外,还有什么可以解释实验组和控制组在康复情况上的差别呢? 一定要至少想出一个替代

---

① 在"现场实验"中,有时研究者会选择"观察"而非"操控"研究的自变量,我们后面会详细的讨论这种情况。

解释再往下读哦！

以上的设计中你发现了哪些可能的替代解释？

_____

_____

_____

你想到了么，实验组和控制组的患者会不会本来就有一些不同呢？会不会实验组的患者本来就比控制组的患者身体素质更好，或者病得更轻呢？如果是这样，那么实验组更好的康复状况就可能得益于他们更轻的症状或者本来就更为良好的身体状况（即替代解释），而非新药的药效。

你又想到了么，实验组的患者有药吃，而控制组的患者没药吃，那么那些有药吃的患者会不会得到一些心理安慰和暗示，因此比控制组的患者康复得更快呢？如果是这样，那么实验组更好的康复状况就得益于心理作用（即替代解释），而非新药的药效了。

读到这里，你可能感到有些头疼了，这些替代解释好像无孔不入，让人有点防不胜防啊！怎么办？不用担心，还记得我们提到过的么？研究从来都不是孤独的旅程。实验这种方法已经被研究者们前仆后继地研究了那么多年，大家已经积累了很多经验，可以通过精妙的设计、严格的控制来排除各种替代解释。这里我们要引入实验设计里的另一个重要概念：实验控制（experimental control），说的就是研究者们采取措施"以期可以全面、系统地排除他/她研究假设中的自变量以外其他所有可能导致因变量产生研究假设中的相应变化的变量。"[1]。根据不同实验设计的控制程度不同，我们可以把实验设计分为三大类，后面会一一为你详细介绍。我们一起来了解研究者们究竟发明了哪些精妙的设计来与各种替代解释斗智斗勇。不过，在介绍这些错综复杂、精妙绝伦的实验设计之前，让我们先系统地了解一下我们需要通过实验设计来排除和控制的替代解释，先看看这些威胁都长什么样子。

因果关系的敌人

除了想要检验的因果关系之外，在研究过程中，常常还有其他的因素会对我

---

[1] Kerlinger F N. Foundations of behavioral research[M]. 2nd ed. New York：Holt，Rinehart and Winston，1973：4.

们关心的因变量产生影响,这些恼人的替代解释就成了我们测试因果关系时的敌人,威胁着测试结果的准确性。根据威胁的来源不同,我们把它们分为三大类:研究对象带来的威胁、研究者带来的威胁和研究设计带来的威胁。

研究对象带来的威胁

我们要聊的第一类威胁,是来自研究对象,也就是被试或者说受试者的威胁。

首先请想象这样一个场景,你正在宿舍里高高兴兴地边吃零食边看电视呢,一位研究助理敲门进来了,咨询你是否可以观察你的观影行为来做研究。你很善良地答应了,于是研究助理坐在宿舍的一角拿着笔记本开始记录,当然,他/她会请你继续像刚才那样无拘无束地看电视,不要受他/她的影响,问题是,你做得到么?当被试知道自己被观察时,他/她的行为就可能发生改变,我们称这样的变化为霍桑效应(Hawthorne effect)。它是在 1950 年的时候由 Henry A. Landsberger 提出的,当时研究者们本来试图在霍桑工厂检测提高或者降低厂房的光亮程度是否会影响工人们的工作效率,结果他们却发现,这两种改动竟然都能在短期之内提高效率,为什么呢?因为在对厂房的光亮程度发生改变后,研究者就会前来观察工人的工作,是"被观察"(而非光照的改动)提高了工人们的效率。

怎样避免霍桑效应呢?这需要研究者开动脑筋,结合实验处置的特点来进行安排。比如,研究者可以尽量让受试者意识不到自己正在被观察;或者不清楚真正的实验处置是在哪个阶段给出的;而自己是在什么时候,在哪些方面被观察。这方面有一个有趣的例子,就是著名的电梯实验,被试以为自己要到大楼的某一层去参加实验,但真正的实验却在他们乘电梯上楼的时候就已经完成了:电梯门打开时,被试会看到所有的乘客都背对着电梯门站着。我们通常都会面对电梯门坐电梯是不是?但是如果遇到此情此景你会怎么做呢?在这个实验里,研究者会观察被试在这样的情况下是否会选择从众(conform):随大流也背对着门站着①。

除了霍桑效应,另一个让人头疼的威胁就是被试的自我实现预言(self-fulfilling prophecy)。当被试了解到研究假设,也就是研究者所预测的实验处置会对他们产生的影响之后,他们可能会通过心理暗示而让这样的预言成真。比如我们刚才讨论的测试新药的例子,相对于没有得到任何药物支持的病患,那些相信自己正在服用药物的被试可能会有更积极的心理暗示。因此,在药物测试的实验中,通常的做法是,被试并不知道自己究竟属于实验组还是控制组,所有控制组的被试也都会服用一种我们称为安慰剂(placebo)的"药物",它的外观和被测的新药没

---

① 搜索"电梯实验"或者"lift experiment"可以看到有关录像哦。

区别,但其实却不包含任何有效成分。

　　另外,如果实验耗时长久,受试者本身也会发生变化,我们称这种变化为自然成熟(maturation)。如果 1－2 岁的小朋友们在观看某益智 DVD 三个月之后语言能力明显提高,这究竟是他们自然成长的结果,还是益智 DVD 的功劳呢? 在这里,我们必须得"控制"自然成长(或者说成熟)的影响,才能确认益智 DVD 的效果。

　　除此以外,受试者相互之间的影响(inter-participant bias)和受试者流失(experimental mortality)也可能会对因变量产生影响。这些可能的威胁都需要研究者保持警觉,并且在实验设计中开动脑筋加以避免。

研究者带来的威胁

　　来自研究者的其中一个威胁,是研究者本身对研究结果的期待所造成的自我实现预言(self-fulfilling prophecy),或者说研究者要求效应(experimenter demand effect)。比如在上面研究新药效果的例子中,研究者可能期待实验组比控制组康复得更快,而这样的期待本身可能会影响研究者对受试者数据的诠释,甚至研究者与受试者之间的互动方式,进而对因变量产生影响。对此,通常的解决方法是使用双盲实验(double-blind experiment),一方面由不了解实验目的或不了解分组情况的操作员来进行实验运作;同时如上文所述,受试者也不了解实验目的或分组情况。

　　另外,如果实验过程中一直由某位研究者来进行某项操作,比如小明一直负责控制组,而小红一直负责实验组,那么两组之间的差别也可能是研究者本身的特点(比如小明和小红的性别、亲切程度等),而非我们真正关注的自变量所造成的。研究者可以通过聘用较多的操作员,或者让操作员随机轮换来解决这个问题。

研究设计带来的威胁

　　我们刚才提到,实验设计的基本理念非常简单,就是通过操控自变量、并观察因变量的相应变化来考察两者之间是否存在因果关系。不过我们也提到,实验过程中总有各种各样的替代解释,研究者必须通过精妙的设计来排除这些"威胁",才能有效地验证自变量和因变量之间的关系。各种设计都有它的长处和短处,与其说研究者们在寻找最"完美的"设计,不如说他们在针对每一个具体的研究问题和研究假设寻找最"合适的"设计。接下来,我们会详细地为你介绍世世代代的研究者们发明和使用过的实验设计,为你细数每种设计的长处和面对的"威胁",以及研究者们是如何处理这些"威胁"的。

6.2 实验设计实战介绍

期待么，在这一小节里，我们会一起来看看古今中外的研究者是怎样通过精妙的实验设计来"控制"各种威胁的。根据不同实验设计的控制程度不同，我们把实验设计分为三大类，我们会从控制程度最低的"预实验设计"开始为你介绍。在讲解具体的实验设计之前，让我们先一起来看看我们会用到的符号。

实验设计中的常用符号（一）

> ➤ X：实验处置：对自变量的处置或操纵
> ➤ O：对因变量 Y 的观察或测量过程
> ➤ 在实验处置之前的观察我们称之为前测（pretest）；在实验处置之后的观察称为后测（posttest）

预实验设计

所谓预实验设计（pre-experimental design），说的是一些非正式的实验设计，在这些设计里，实验中的被试或者没有分为实验组和控制组；或者虽然分了组，但是没有很好地排除组别之间在接受实验处置之前可能存在的差异。这种实验设计多用于试研究阶段，所以叫作预实验设计。我们接下来会介绍三种常见的预实验设计。

单组后测设计（one-group posttest-only design）

单组后测设计

$X \rightarrow O$

这种实验设计相当的简单，我们只需要一组被试，对他们进行实验处置 X 之后观察因变量Y的表现。比如研究者可以让被试接受一个英语培训，在培训之后测量他们的英文水平。不过,通过这样的实验设计,研究者是无法确定自变量和因变量之间的因果关系的。比如具体到英语培训这个例子里,由于没有对受试者进行前测(pretest)来了解他们接受培训之前的英文水平,即便在后测中得到很高的英文水平,研究者也不能说这个英语培训是有效的。

单组前后测设计(one-group pretest-posttest design)

单组前后测设计

$$O_1 \to X \to O_2$$

相对于前一种设计,这种设计增加了前测,我们可以在培训前后分别测试被试的英文水平,如果被试在后测(O_2)中得到比前测(O_1)更高的分数,我们就判断这个培训是有效的。这个设计看上去是不是还挺合理的?你能想到任何替代解释吗?即除了我们的自变量(培训)以外,还有什么因素可能导致前后测之间的差异呢?我们知道这个问题很难,但一定要努力想过才继续往下看哦!

停一停,试一试

以上的设计中你发现了哪些可能的替代解释?

_____

_____

_____

哈哈,想到了么?的确,这个单组前后测设计看上去很合理,而且在现实生活中也挺常用的,但是它可能有什么问题呢?你想到了吗?这样,给你一个提示好了,你有没有参加过模考?模考对你在正式考试时的表现有影响么?对的,在这个例子里,前测就好像是一场模考,模考本身对后面的测试成绩可能也有正面的影响。如果是这样,我们就无法判断后测中发现的进步有多少是归功于模考,而多少是归功于培训的效果了。

在实验设计中,我们把所有前测本身对后测造成的影响统称为敏化(sensitization)。敏化效应对实验结果的影响有时是致命的。还记得我们刚才提到的电梯实验么?在这个实验里,被试并不知道实验的真正目的,他们不知道电梯里清一色背对门站着的人们其实是实验处置，当然也不知道研究者正在观察自己在这样的情境下是否会选择从众。换句话说，这个实验能够成功的前提，就是被试完全被蒙在鼓里。一旦我们对被试进行了任何有关的前测，比如在他们进电梯之前先通过问卷了解他们的从众倾向（tendency to conform），他们中的有些人也许就会察觉到研究的真正目的，那实验处置 X 对他们来说就无效了。

除了敏化以外，单组前后测设计面对的另一个替代解释，是实验进行期间外在环境对受试者的影响，实验研究中我们称之为历史影响（history），如果前测和后测之间相隔了较长的一段时间，那么这段时间里很可能有不少对因变量产生影响的环境因素。比如如果英语培训进行期间，校园里正流行某个英文情景剧，被试们受这些情景剧的熏陶也会潜移默化地提高自己的英文水平。那么，我们就无法确定前后测英文水平的差别究竟有多少归功于情景剧，又有多少归功于我们的实验处置（培训）了。和历史影响类似的，就是被试自然成熟的影响，随着学习英文月份、年份的增加，同学们的英文水平也许自然就在慢慢提高中，这也会造成前后测的差别。

这时候聪明的你也许想到了，如果我们让前测和后测之间相隔的时间特别短，那不就可以排除历史和自然成熟这两个替代解释的影响了么？这个方法对于有些实验处置是可行的，但对于我们的培训可能就不合理了，因为一个完整的培训计划通常都不是一天两天可以完成的对不对？另外，对于有些实验处置来说，如果前测和后测之间相隔的时间太短，还可能会因为睡眠者效应（sleeper effect），也就是说自变量对因变量的影响要经过一段时间的消化吸收才能够真正显现出来，从而得不到准确的结果。

"敏化""历史影响"和"自然成熟"看起来是很不同的几种替代解释，你能想到什么设计上的改进可以同时帮我们排除这几种"威胁"么？

停一停，试一试

有什么改进可以帮我们同时排除以上讨论的这几种替代性解释？

_____

_____

你想到了么？解决的办法就是，找到两组在各方面情况都一模一样的人，一组给予实验处置，而另一组人不给予。因为他们是一模一样的两组人，任何的外在影响因素,包括历史影响、自然成熟和前测①对这两组人的影响也都应该是一致的,所以如果这两组人最后在因变量 Y 上有任何的差别,那就一定是实验处置 X,而非其他因素造成的了②。简单地说,在接触实验处置之前完全对等(equivalent)的两组人就可以帮我们剔除所有的替代解释了。

这个办法看起来不错,但问题又来了,我们怎么才能找到两组在各方面都对等的人呢? 这听起来怎么那么像不可能的任务呢? 让我们一起来想一想,你认识任何两个一模一样的人么? 双胞胎也许长得很像,但他们还是有各种各样的区别吧? 所以别说两组了,我们连两个一模一样的人也找不到。 每个人都是独特的,在实验设计里,我们把被试在接触实验处置之前就已经存在的相互差异称为*初始差异*(initial differences)。实验设计者关心的,不是初始差异,而是我们的自变量,也就是实验处置所造成的差异。因此,当初始差异可能对因变量,或者自变量与因变量之间的关系③产生影响的时候,研究者就需要通过实验设计对其加以控制。比如研究者试图研究某广告(自变量)对购买意愿(因变量)的影响,而受试者的年龄、收入、性别、文化程度、易被说服度(susceptibility to persuasive appeals)等也可能对研究结果产生影响,如果不能对这些变量进行控制,研究者就无法准确判断实验组和控制组之间购买意愿的差别是否真的是由观看广告造成的。现在假设你就是对某个广告的效果感兴趣的研究者,你招募了 100 名消费者来参加实验,打算把他们分成两组,你觉得要怎样做才能有效地消除两组人之间的初始差异呢?

停一停,想一想

要怎样把 100 个人分成对等的两组呢?

_____

_____

如何消除或者说"控制"实验组和控制组之间的初始差异,是所有分组实验都必须考量的问题。在这一章接下来的内容里,我们会介绍 5 种分组设计。你读完之后可以回过头来比较一下,你的设计跟哪一个分组设计最接近,而不同分组设计的优势和劣势又在哪里。接下来我们就给你介绍第一种分组设计了。

---

① 当然如果我们可以确认两组人在初始阶段是一模一样的,那根本连前测都不用做了。我们看的就是两组本来一模一样的人,会不会因为其中一组得到实验处置 X 而另一组没有,导致最后在因变量 Y 上的表现不同。

② 如果要排除"睡眠者效应"这个替代解释,那么除了加入对等的控制组,还要考虑纳入多个后测。

③ 请参见前文关于缓冲变量(moderator)的解释。

后测加控制组设计（two-group posttest-only design）

后测加控制组设计[①]

$$X \rightarrow O_1$$
$$O_2$$

在这个设计里，被试被分为了两组，只有其中一组接受实验处置 X，然后再对两组进行后测。比如把 100 名患者分为两组，一组服用被测试的新药（实验处置），一组服用安慰剂，然后一星期之后对两组的康复情况进行测试（后测）。如果后测的结果显示实验组康复得更好，我们就判断新药是有效的。

停一停，想一想

以上的设计有哪些没能排除的替代解释？

_____

_____

善于观察的你一定发现了，这个设计好像完全没对"初始差异"做出任何的控制和处理。对，这个设计的最大问题就在于此。如果后测中实验组和控制组有任何差异，我们完全无法确定它究竟是来自实验处置的影响，还是两组之间的初始差异。

在实验设计中，控制初始差异最常用的方法有两个。一个是通过对受试者进行随机化分组（random assignment），来保证实验组和控制组保持对等，即基本没有初始差异。这样，研究者就可以更有把握地作出结论，推断实验组和控制组在因变量上的差别是由于实验处置所造成的。但正如我们之前在讨论抽样时提到的，一次随机抽样不能保证得到具有代表性的样本，一次随机化分组也不能保证产生完全对等的两组受试者。所以在有些研究项目中，研究者会在随机分组之后再对受试者进行前测，以了解随机分组的效果。

承前所述，控制初始差异的另一个常用方法就是前测（pretest）加配对（matc-

---

① 以下示意图中每一行代表实验中的一组被试。得到实验处置（X）的组为实验组，没有得到实验处置的组为控制组。

hing),也就是说,研究者在实验处置之前测量受试者在重要变量上的取值,在分组和数据分析的时候做参考。比如在一个实验里,研究者认为收入可能对研究结果产生比较大的影响,那么他/她可以在实验处置之前测量受试者的收入,然后在分组的时候保证实验组和控制组有数量相当的高、中、低收入人士。研究者也经常在前测中测量受试者在因变量上的取值,从而保证实验组和控制组处于大致相同的起跑线上(比如在测试新药之前先测试被试的病况)。另外,研究者还可以以前测的结果为基础,用统计分析的方法来控制其他变量对因变量的影响。

停一停,想一想

随机化分组和配对,你觉得哪个办法可以更好地解决初始差异的问题呢?

_____

_____

怎么样?你想到了么?这个问题的回答一点也不简单,让我们从介绍第一个"准实验"设计开始为你娓娓道来吧。

准实验设计

准实验设计(quasi-experimental design)是介于缺乏控制的"预实验"设计和具有严格控制的真正意义上的实验之间的一种设计。它们采用了前测配对或组内对照的方式,来试图排除组别之间可能存在的初始差异,或者前测可能造成的影响。我们接下来会给大家介绍比较常见的三种准实验设计。

前后测加控制组设计(pretest-posttest quasi-equivalent group design)

在这一实验设计中,实验组和控制组未经过随机分组,但是研究者通过前测、配对在一定程度上控制组别之间的初始差异。

前测后测及控制组设计

$O_1 \rightarrow X \rightarrow O_2$

$O_3 \rightarrow \quad \rightarrow O_4$

你觉得这个设计怎么样？这样问可能太抽象，让我们一起来分析一个使用此设计的案例。在这个案例里，研究者想要考察某个广告是否可以有效地提高消费者对品牌 A 的喜爱程度。在前测中，他们了解了所有被试对品牌 A 的态度，然后按照态度高、中、低把他们配对并对等地放入实验组和控制组。我们的前测配对措施保证了这两组人在实验处置之前，对品牌 A 的喜好程度是无显著差别的。如果我们发现在后测中，实验组比控制组对品牌 A 的喜爱程度显著地更高，我们就推断实验处置有效地改善了消费者对品牌 A 的态度。

停一停，想一想

以上这个设计有什么漏洞吗？有哪些替代解释没有被很好地排除吗？

_____

_____

还记得你之前的回答么？你是怎么评价"随机化分组"和"前测配对"这两种方法的？现在是我们对这个问题的第一个回答，通常只有"随机化分组"的实验设计才能被认可为真正意义上的实验。通过"前测配对"的方法，研究者只能"控制"他们已知的、并且在前测中测量到的变量。遗憾的是，研究者很难保证自己穷尽了所有可能对实验结果产生干扰的因素，尤其是那些在该研究领域还没能被研究者们发现的影响因素。只有随机分组才有可能产生完全对等的两组受试者，让他们在研究者已知和未知、已测量和未测量的干扰变量方面都处在相同的起跑线上。

相对地，我们刚刚介绍的前测配对实验设计只可以排除被测量了的那部分初始差异的影响，对于其他可能的干扰因素却无能为力。具体到广告效果的例子，如果待分析的广告对男性比对女性的影响更大[1]，而我们的实验组里刚好有更多的男性，那么实验组在后测中显示出的更正面的态度就得益于实验处置和性别的共同作用，而非仅仅是实验处置的效果。

另外，如前所述，前测也可能令实验结果受到敏化的影响。比如有这样一个研究广告效果的实验，它考察的是"无意识"地接触到某个品牌的广告是否会影响消费者接下来的消费决策。怎么让被试"无意识"地接触某品牌的广告呢？有一个广告研究是这么做的：在被试进入商场购物之前，研究者请他们戴上视觉追踪眼镜，并告之这是为了更好地了解他们的消费决策过程。戴上眼镜后，研究者就

---

[1] 也就是说，性别在这里是一个调节变量（moderator），见第 5 章。

"狡猾"地告诉被试为了测试眼镜是否运作正常,需要请被试先观看一系列视频。对于实验组的被试,他们观看的一系列视频中有几秒钟是某品牌的广告,这样,被试就可以无意间接触到一个广告了。

聪明的你大概看出来了,对于这样的一个实验而言,"无意识"接触到被测的品牌广告是一个非常关键的步骤,为了确认广告接触的确是在"无意识"的情况下发生的,研究者在实验结束后还会询问被试:"请问你是否记得之前在观看视频的时候看到过某品牌的广告呢?",我们称这样的操作为实验操控检验(manipulation check),如果被试表示不记得,那么他/她的广告接触就真的是"无意识"的了。试想如果在这个例子里,研究者通过前测来事先了解被试对某品牌的态度,被试很可能就会对实验处置中出现的该品牌的广告更为敏感,甚至让本来可以"无意识"的广告接触成了"有意识"的接触。如果是这样,那么前测的敏化作用对这个研究来说,就有了致命的负面影响了。

单组时间序列设计(interrupted time series design)

单组时间序列设计

$$O_1 \to O_2 \to O_3 \to O_4 \to O_5 \to X \to O_6 \to O_7 \to O_8 \to O_9 \to O_{10}$$

在时间序列中断设计中,同一组受试者在实验处置前后都经历一连串地对因变量的观测。从这些因变量的变化趋势中,研究者可以分别探讨前测以及自变量 X 对因变量 Y 的影响程度和影响过程。

假设我们的实验处置是英语培训,而每一次的前测或者后测都是一次英文测验,那么通过比较前测之间的得分差异,我们就可以在一定程度上了解前测的敏化影响(模考对考分的提高效果),而如果 O_5 和 O_6 之间的差异明显大于前测之间的差异(比如 O_5 和 O_4 之间、O_4 和 O_3 之间的差异),那么敏化反应便不足以解释 O_5 和 O_6 之间的差异,即两者的差异可能是由于实验处置 X 造成的。

不过,这个实验设计也还是有一些问题。比如,研究者不能排除多个前测的影响是在第一个后测中才显现出来的可能性(即前测影响的睡眠者效应,试想需要经过多少次模拟考试,成绩才会得到显著提高),研究者也不能排除在较长的实验时间过程中(从第一次前测到最后一次后测),其他因素(比如期间发生的重大社会事件)对受试者的影响。如果拥有一个控制组,可以在一定程度上控制这些替代解释的影响,这就是我们要介绍的下一个实验设计。

有控制组的时间序列设计(interrupted time series quasi-equivalent groups design)

有控制组的时间序列设计

$$O_1 \rightarrow O_2 \rightarrow O_3 \rightarrow \qquad X \qquad \rightarrow O_4 \rightarrow O_5 \rightarrow O_6$$
$$O_7 \rightarrow O_8 \rightarrow O_9 \rightarrow \qquad\qquad \rightarrow O_{10} \rightarrow O_{11} \rightarrow O_{12}$$

如上所述,相比于无控制组的时间序列设计,如果最后一次前测和第一次后测的成绩在实验组中有显著差别,而在控制组中没有,研究者就有更大的把握说这一变化是实验处置而非前测造成的。与此同时,实验时间段内社会历史事件/因素的影响也可以通过比较实验组和控制组而得到相当的控制。

然而,和"前后测加控制组设计"一样,这个实验设计最大的问题就是实验组和控制组的非随机分组。诚然,前测的存在可以保证两个实验组在前测中涉及的变量上保持对等,但这两组之间在其他变量(比如智商)上的初始差异是得不到控制的。研究者不能确定实验组和控制组在因变量上的差异会不会是由没能控制的初始差异,或者这些初始差异与实验处置的交互作用所造成的。

全面实验设计

随机化分组的实验才被认可为真正意义上的科学实验,也叫真实验或全面实验(full experimental design),接下来让我们为你介绍 3 种常用的全面实验设计。

前后测对等[①]控制组设计(pretest-posttest equivalent groups design)

前后测随机控制组设计

$$R \begin{array}{l} O_1 \rightarrow X \rightarrow O_2 \\ O_3 \rightarrow \quad\ \rightarrow O_4 \end{array}$$

(R:随机分组,random assignment)

---

① 因为随机分组中每个被试都有平等的机会进入实验组和控制组,这样才有可能形成对等的两组被试,所以随机分组也被称为对等分组。

这个设计首先把所有被试随机分为两组,然后进行前测;前测之后,实验组接受实验处置;最后,两个组都接受后测。通过比较测量的结果,我们就可以分别了解前测和实验处置 X 对因变量 Y 的影响。回到英语培训的例子,假设我们把 100 名被试随机分成两组,以下为他们的英语测试成绩。

R 75 培训 95
R 75 80

我们看到,前测和其他替代解释[①]的确可以在一定程度上影响因变量 Y,因为控制组的后测分数的确比前测提高了 5 分。但相对于控制组的进步,实验组的进步更为明显,因此可以推断,我们的实验处置(即英语培训)是有效的,与我们的因变量(英语测试成绩)之间有因果关系。这个设计的优点在于,因为进行了随机分组,我们可以排除任何人为因素对分组的影响,如果随机有效,实验组和控制组在各种我们已知以及未知的替代解释因素上,都应该是对等的。再加上我们又通过前测来确认了分组在重要变量上的对等性,这种设计很大程度上可以排除初始差异的影响。

停一停,想一想

以上这个设计有什么漏洞或弱点吗?

_____

_____

细心的你大概已经想到了,记得么? 在有些设计里,前测的敏化效应是致命的。而我们要介绍的下一个实验设计就试图避免这个问题。

无前测对等控制组的设计(posttest-only equivalent groups design)

无前测对等控制组设计

$$R \quad \begin{array}{l} X \to O_1 \\ \to O_2 \end{array}$$

---

① 如历史影响和自然成熟影响,本章前面已经讨论过,此处不再赘述。

在这个研究设计中,我们通过随机分组产生两个对等组,只有其中一组接受实验处置 X,然后我们比较两组在后测结果上是否具有显著差异。当我们的研究问题(如我们之前提到的关于从众的电梯实验)需要我们特别谨慎地规避前测的敏化效应时,这个研究设计就相当的适用。

但就像我们之前讨论过的,一次随机分组并不能保证产生完全对等的两组。也就是说,这个研究设计并不能很好地排除初始差异这个替代解释。比如,万一你的英语培训实验中刚好有一个英语本来就特别棒的家伙被分到了实验组呢?没有前测的帮助,我们也许会错过这个重要信息,因而错误地高估了实验处置的效果。

一方面担心前测的敏化效应,另一方面又担心随机分组没能产生对等的分组,研究者有时候真的很纠结啊!对于这种特别难办的情况,我们可以考虑以下这个设计。

所罗门四组设计(Solomon four-group design)

所罗门四组设计

$$R \begin{array}{l} O_1 \rightarrow X \rightarrow O_2 \\ O_3 \rightarrow \rightarrow O_4 \\ X \rightarrow O_5 \\ \rightarrow O_6 \end{array}$$

在所罗门四组设计里,所有的被试被随机地分为四组,其中两组接受前测,在接受和不接受前测的两组中,各有一组接受实验处置 X。这一设计受到研究者的青睐,是因为它可以帮助研究者在了解初始差异的同时,控制前测的敏化影响。让我们继续使用英语培训的例子,我们看到的是各组被试在英语测试上的得分,其中第一组和第三组是接受了实验处置 X(为期一年的英语培训)的实验组。前测(O_1,O_3)和后测(O_2,O_4,O_5,O_6)相隔一年。

所罗门四组设计示例

1		$85(O_1)$	→	X	→	$96(O_2)$
2	R	$85(O_3)$	→		→	$90(O_4)$
3				X	→	$93(O_5)$
4						$88(O_6)$

首先,研究者可以通过收集到的数据来仔细考察有关替代解释的影响[①]。

第一步,我们可以通过比较 O_1 和 O_3 先了解一下随机分组是否有效产生了对等的两组。如果两者没有显著差异,那么随机分组至少在前测所测量的变量上是有效的。

第二步,比较 O_4 和 O_6 是否有显著差异,了解前测对因变量 Y 是否有直接的影响。

第三步,即使 O_4 和 O_6 之间没有显著差异,我们仍需要比较 O_2 和 O_5,考察前测和实验处置 X 是否对因变量 Y 产生了交互作用。

第四步,通过比较 O_6 与 O_1/O_3 之间的差异,我们可以了解其他替代解释的影响。在以上的例子里,因为前测和后测相隔了一年之久,历史因素和被试自然成熟过程的影响不容忽视,这些影响应该会体现在 O_6 与 O_1/O_3 之间的差异上。

当我们成功排除了所有可能的替代解释或者对其有了充分的了解之后,我们就可以对研究假设进行检验了。如果我们的实验处置,即英语培训是有效的,那么我们以下的 4 组比较(见图 6.2)应该得到如下结果:

1. O_2 比 O_1 有更好的英语成绩
2. O_4 的成绩应该与 O_3 相当(或在比较"1"中纳入考虑)
3. O_2 应该比 O_4 有更好的成绩
4. O_5 应该比 O_6 有更好的成绩

所罗门四组设计可以相当精确地区分出自变量 X 和替代解释对因变量 Y 的影响。因此,当所罗门设计显示我们的自变量和因变量之间有因果关系时,我们就可以相当自信地确认这种因果关系。当然,研究者必须得为所罗门设计的优点付出代价,这种设计需要四个组别,这就意味着我们需要招募更多的被试者,耗费

① Frey L R, Botan C H, Kreps G L. Investigating communication: An introduction to research methods[M]. 7th ed. MA: Allyn & Bacon, 2000.

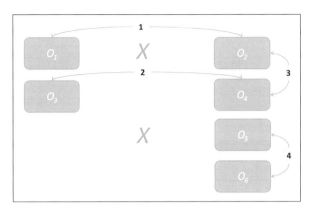

图 6.2　所罗门四组设计

(来源:艾尔·巴比著,邱泽奇译,社会研究方法,北京:华夏出版社,2005,226,第 10 版)

更多的时间和经费。

　　所罗门四组设计的另一个缺点是,它只能用来考察一个自变量的影响。我们知道,很多时候我们感兴趣的常常不止一个自变量,比如在研究一个广告的效果时,我们可能也想要了解产品试用的影响,以及这两种推销方式的交互作用。在这种情况下,我们就需要考虑多个自变量的实验设计,我们称之为因子实验设计[①](factorial experimental design)。

6.3　实验方法的"致命弱点"

　　实验方法在验证因果关系方面是相当有优势的。如果我们想要确定某种感冒药是否可以有效地控制感冒症状,实验比问卷调查给我们的结果要可靠得多。可是,问卷调查也有它不可替代的优势。如果要好好比较和解释实验和问卷调查这两种数据收集方法的优势和劣势,我们得要先引入研究设计中的两个核心概念:内在效度和外在效度。

此事古难全:内在效度和外在效度

　　还记得在聊测量的时候,我们有谈到测量的效度,说的是一个量表是否可以

---

　　① 如果你希望进一步深入研究更为复杂的实验设计,请参考 Keppel G, Wickens T D. Design and Analysis. A Researcher's Handbook[M]. 4th ed. New Jersey:Pearson,2004.

准确地测量到它想要测量的变量。而内在效度(internal validity)和外在效度(external validity)是类似的概念,它们评价的是研究结论的准确性。具体来说,外在效度考量的是,我们是否能够把研究结论从被试推广到我们感兴趣的目标总体;而内在效度考量的是研究结论就我们研究的被试和被试在研究中所处的特定情景(context)而言是否准确。

比如我们在一个有 100 位烟民被试的实验研究中发现,某个禁烟广告可以有效地提高烟民的戒烟意愿。这个研究的内在效度考量的是,对于这 100 位参加了实验的烟民而言,在实验室中观看这个禁烟广告是否的确影响了他们自我汇报的戒烟意愿,即研究结论对于这 100 个人和这个特定的研究环境(即实验室)而言是否准确;而这个研究的外在效度考量的是,对于所有的烟民而言,当他们在自己生活中任何可能接触到禁烟广告的环境中(如火车上、自家客厅里)观看这个禁烟广告时,是否也可以像研究结论声称的一样影响他们的戒烟意愿。

内在效度和外在效度,哪一种更重要? 有些研究者认为,内在效度比外在效度更为重要,如果我们都不能确定自己的研究结论对我们的被试来说是否准确,我们又怎么能将它拓展到更广大的人群呢? 但是,缺乏外在效度的研究结论好像也没有太大意义,毕竟当我们测试一种新药的时候,我们关心的肯定不仅仅是我们的 100 位被试,我们需要知道更广大的人群是否能从这种新药中获益。所以,好的研究应该同时拥有高的内在效度和高的外在效度。怎样做才能达到这个目标呢? 我们在前文中讨论的不少原则和考量都与这个问题有关,就让我们把有关的因素总结在图 6.3 里吧。

为了保证内在效度,我们需要处理来自研究设计、被试和研究者的威胁,我们需要确保,没有任何替代解释可以取代我们的研究结论(或者说实验处置)来解释因变量的变化。比如,当我们发现在实验室中一个禁烟广告对被试有效时,我们要确保这不是因为我们的研究设计有问题(比如我们的前测让被试对禁烟广告投入特别的注意力);也要确保它不是来自我们的被试因为被观察而发生了改变(即霍桑效应);还要确保实验组和控制组的差异不是来自负责两个组的两名研究者的个性差异。

而为了确保外在效度,我们需要让研究结论可以从数量有限的被试(比如参与实验的 100 位烟民)推广到我们感兴趣的目标总体(比如全体中国烟民),这个标准对应我们在讲解抽样方法时讨论过的样本的代表性和可推广性;与此同时,我们还需要保证研究结论不仅在我们研究的特定环境(比如实验室)中有效,还要在目标总体的自然环境中有效,我们称之为研究的环境效度(ecological validity);最后,一个具有外在效度的研究结论还需要能够经受不同研究者用不同的方法、

图 6.3　内在效度和外在效度

（来源：Frey L R，Botan C H，Kreps G L. Investigating communication：An introduction to research methods[M]. 7th ed MA：Allyn & Bacon，2000.）

不同的样本、在不同的时代背景和不同环境下重复验证[①]（replication）的考验[②]。

　　研究者有时不得不在内在和外在效度之间做出权衡和选择。通过我们刚才的讨论，你大概已经发现，实验这种数据收集方法特别擅长排除各种替代解释，确保我们的研究有高的内在效度。而相对的，抽样调查方法特别关注样本的代表性，因此它的研究结论更具有外在效度所要求的可推广性。另外，抽样调查的研究对象常常是在自己的自然环境中（比如自家客厅、工作或休闲场所等）参与研究，因此也具有较高的环境效度；相反地，实验的研究对象常常在实验室里参与研究，如果人们的相关行为在自然环境下会发生改变，那实验室研究就会不幸地拥有较低的环境效度。比如当人们在实验室里被邀请观看一个广告时，他们观看时的注意力可能要远远高于他们在自然环境中（比如在地铁上）观看广告的注意力。不过，实验研究的低环境效度并非必然，在有些情况下，针对有些研究问题，研究者可以尝试自然环境下的实验，我们称之为现场实验。

---

①　我们在第 1 章也简单探讨过"重复验证"的概念。

②　Replication 的例子很多，如果你对哪个题目特别有兴趣，可以尝试搜索这个题目有关的整合分析（meta-analysis）。所谓整合分析，就是用定量的方法分析总结关于某一研究问题/假设的所有重复验证研究。我们在下文中马上会提到著名的 Asch 线条判断实验，如果你对这个研究有兴趣，请参考这样一篇 meta-analysis. Bond R，Smith P B. Culture and conformity：A meta-analysis of studies using Asch's（1952b，1956）line judgment task[J]. Psychological Bulletin，1996，119(1)：111—137.

现场实验对比实验室实验

根据研究环境的不同,实验又分为现场实验(field experiment)和实验室实验(lab experiment)。现场实验是被试在自然环境下进行的实验,幸运的是,如果规划得好,现场实验一样可以做到对替代解释的严格控制。比如,当被试是大学生时,学校里的教室、会议室等设施对他们来说就是自然环境。有一个经典的例子,就是著名的 Asch 的线条判断实验(Asch line judgment experiment)[①]。

不过,在有些情况下,现场实验的确意味着要在一定程度上牺牲实验控制。实验控制的最重要的手段之一,就是我们可以通过随机分组把被试分为实验组和控制组。例如在关于禁烟广告的实验里,被随机分配到实验组的被试就会观看禁烟广告。但是,在现场实验里,如果我们让被试在自家客厅里,以他们的自然状态观看包括禁烟广告在内的媒体内容,我们当然也得允许他们在任何时候换台,也就是说,我们不能把被试"分配"到实验组或者控制组,而是"观察"哪些被试观看了禁烟广告,然后把他们和那些没有观看禁烟广告的被试进行比较从而考察禁烟广告的效果。

停一停,想一想

以上这个设计有什么漏洞吗? 有哪些替代解释没有被很好地排除吗?

_____

_____

还记得吗? 实验的一个重要特点就是我们可以"操控"我们的自变量,也就是说,我们可以只让那些被随机分配到实验组的被试得到实验处置。理想的状况是,实验组和控制组除了"实验处置"以外,其他所有的条件都是完全对等的,所以如果两组在因变量上有任何差距,我们就可以确定这差距确实是由实验处置 X 造成的。

可是,当我们无法"操控"而只能"观察"我们的自变量时,实验的这个优势就不存在了。我们无法确保那些接受实验处置和不接受实验处置的人在其他条件

---

① 　这个实验和之前提到的电梯实验类似,考察被试在从众压力下的反应,当其他人对线条的长度做出错误的判断时,被试会怎样反应呢? 如果你有兴趣,可以搜索"Asch line judgment"寻找有关的研究视频,也可以阅读我们上一条脚注中推荐的 Bond 和 Smith 撰写的相关整合分析(meta-analysis)。

上是对等的。比如那些会在自家客厅里耐心地看完一个禁烟广告的人,很可能本来就和那些看到禁烟广告就换台的人对吸烟这件事持不同的态度。

如果现场实验的代价是减弱实验控制,研究者真的是要慎重考虑这样做是否值得,并且清楚了解自己这样做的代价,清楚考量具体有哪些替代解释是自己的研究所无法排除的。幸运的是,在有些现场实验中,我们是可以对实验处置进行"操控"的,其中一个办法,就是我们上一章已经开始讨论的"伪装成问卷调查的实验"。

谜题揭晓:伪装成问卷调查的实验设计再探

在上一章的最后,我们向大家介绍了两个伪装成问卷调查的实验研究。现在,我们已经学习了这么多关于实验的知识,让我们从实验研究的角度来分析和解构它们吧!

我们上一章介绍的第一个案例,是 Schwarz 和 Clore 在 1983 年所做的问卷调查,在这个研究里,他们请被访者回答和自己的幸福程度有关的问题。有些被访者是在晴天接受访问(我们姑且称他们为"好天气被试"),而有些被访者是在雨天接受访问(下文中称为"坏天气被试")。研究者为什么要这样做呢? 他们想要测试的是这样一个假设"当人们判断自己的人生是否幸福时,会不自觉地把此时此刻的心情作为一个有关的信息纳入考量",或者更概括地说,它测试的是所谓"心情为信息假设"(mood as information hypothesis),即我们在做各种判断的时候,会不自觉地把"本应无关的"心情作为"有关"信息来纳入考虑从而影响决策。比如在这个例子里,"好天气被试"因为天气晴朗心情也开朗一些,因此会判断自己的人生总体而言更幸福;而"坏天气被试"因为天气阴郁心情也低落一些,因此判断自己的人生总体而言更不幸福。"心情为信息假设"特别得到研究者们关注的其中一个原因,就是当人们把"本来应该是无关的"心情当作"有关的"信息来影响决策的时候,很可能会产生有偏误的判断。比如,当人们在商场里听到令人愉悦的音乐,因此对眼前的商品有更高的评价时,他们就是把和商品本身无关的愉悦心情运用到了对商品的判断上,并因此导致了错误的购买决定。

那么问题又来了,研究者们要怎么证明,被试在做"自己是否幸福"这个判断的时候,是"不自觉地"把他们自己"本来会判断为无关的心情"当作有关的信息来使用了呢? 另外一个有关的问题是,在什么情况下,用什么样的方法可以帮助人们摈除"无关心情"对决策、判断的影响呢? 请自己先好好想一想再往下看哦!

停一停,想一想

在什么情况下,用什么样的方法可以帮助人们摈除"无关心情"对决策、判断的影响呢?

_____

_____

Schwarz 和 Clore[①] 的做法是,随机抽取一些被访者,访员在正式开始问题前会对他们说,"我们想要研究天气对心情的影响 ……",也就是说,在回答有关自己的幸福程度的问题之前,被试者得到了明确的提醒:天气是会影响心情的。Schwarz 和 Clore 认为,如果我们直接询问被访者的幸福程度,他们就会自然而然地把自己当时的心情作为本人幸福程度的其中一个指标,所以天气差心情差的人汇报的幸福程度也就低一些。但是,一旦被试明确地意识到他们此时此刻的心情也许是受到天气的影响,他们就会有意识地进行调整了。研究的结果和 Schwarz 和 Clore 的假设是一致的:就是这样一个简单的提醒[②],就成功地提高了"坏天气被试"对自己幸福程度的判断。有趣的是,这个提醒对"好天气被试"却没什么效果,Schwarz 和 Clore 认为,这是因为处于坏心情的人们比心情愉快的人们更有动机去分析和解释自己的心情,更有动机把自己的心情归因于外在的环境的因素,而非内在的个人的因素。

我们上一章介绍的第二个"伪装成问卷调查的实验研究",是 Shrum 在 2007 年做的"问卷调查",在问卷中,他问的都是典型的"涵化理论"[③]问题。可特别的是,他把所有的被试随机分成了两组,一组收到邮寄的问卷,一组通过电话调查接受访问。他为什么要这样做呢?因为他想要测试这样一个假设:涵化效果在人们"拍脑袋"而非"深思熟虑"的时候更容易发生。换句话说,如果人们深思熟虑地对社会现象做出评估,涵化效果就会大大减弱甚至消失。怎样测试这样一个假设呢?Shrum 在这个研究里使用的策略,就是利用不同访问方法的特点来改变被试

---

① Schwarz N,Clore G L. Mood,misattribution,and judgments of well-being:Informative and directive functions of affective states[J]. Journal of Personality and Social Psychology,1983,45(3):513—523.

② 在 Schwarz 和 Clore 的研究中,还有一组被试得到了间接的提醒,访员会假装是从另一个城市打长途电话过来,因此"顺便"问一下被试他那边的天气怎么样。也就是说,研究者向被试提醒了自己所在环境的天气,但并没有点明天气对心情的可能影响。数据分析的结果显示,得到间接提醒也会提高坏天气的被试所汇报的幸福程度,但对好天气的被试并无效果。详情请见有关研究论文全文中的第二个实验。

③ 关于涵化理论,请参考上一章的有关部分,此处不再赘述。

回答问题的时候深思熟虑的程度。当人们用纸笔回答一份问卷的时候,他可能有更多的时间思考,而且独处的状态也让他更能静下心来思考;而当人们在电话里回答一份问卷的时候,有限的时间和对话(而非书写)的状态让他们更可能给出"拍脑袋"的回答①。考虑到不同访问方法的特点,如果涵化效果真的是"拍脑袋"的结果,那么电话调查中得到的涵化效果就应该会比在邮寄问卷中得到的更严重,最后的研究结果支持了 Shrum 的这个假设。

了解了实验这种方法,再加上这两个例子,你是不是有点跃跃欲试了呢?虽然通常情况下,研究者都需要耗费相当的人力物力才能完成一个随机分组的"全面实验设计"。但是,有些网上问卷工具所提供的随机分组功能,却让"伪装成网上问卷"的网上实验变得相当简单易行。比如图 6.4 显示的网上问卷平台 Qualtrics② 提供的随机分组操作,我们只需要在问卷的介绍部分之后,分两组(block)输入实验组和控制组的问题,然后加入一个随机分组过程(randomizer),就可以把所有读完开场白的被试随机地分入实验组和控制组了。过程请参考图 6.4。

图 6.4 网上问卷平台随机分组示例

还记得我们上一章举例③的打乱句子测试(scrambled sentence test)么?在这个测试中,被试会看到一些打乱的词汇,然后尝试把这些词汇重新组合成为句子。这个看似简单的任务其实是一个经典认知心理学研究的一部分:研究者把被试随机地分为两组,控制组做中性词汇所组成的测试,而实验组则会看到有特定倾向(比如带有恶意)的词汇,接下来研究者就会考察实验组被试的认知或者行为是否

---

① 详见 Shrum L J. The implications of survey method for measuring cultivation effects[J]. Human Communication Research,2007,33(1):64—80.

② 如果想要更详尽地了解 Qualtrics 的随机分组功能,可以参考其官网上的视频:http://www.qualtrics.com/university/researchsuite/advanced-building/survey-flow/block-randomization/. 另外,其他各大在线调查平台,如问卷星、蜂鸟问卷,问卷网,库润数据,乐调查等的专业版本都可以提供类似的随机分组功能。感谢蜂鸟问卷的陈永华老师为我们提供有关信息。

③ 见第 5 章第 1 节,"研究介绍"的范例(二)。

会与控制组有明显的不同(比如更倾向于判断他人怀有恶意)①。在上面的例子里,被试们一起阅读了同样的开场白,然后就被随机地分到控制组(中性词汇)和实验组(恶意词汇)了。

怎么样,是不是很容易?虽然并非所有的网上问卷平台都有随机分组的功能,而且不同的网上问卷平台的操作方式也许有些不同,但基本的理念都大同小异。你只需要在你所使用的平台搜索随机分组(random assignment),应该就可以找到相应的方法了。总之,有了网上问卷平台的帮助,即使你没有一个独立的实验室,也有进行网上实验的可能。是不是有点跃跃欲试?好好想想,你有没有一个适合通过网上实验探讨的研究问题/假设,如果答案是肯定的,那就快卷起袖子大干一场吧!

延伸阅读

Keppel G, Wickens T D. Design and Analysis. A Researcher's Handbook[M]. 4th ed. New Jersey: Pearson, 2004.

关键词

因果关系(causality)

相关关系(correlation)

伪相关(spurious correlation)

反向因果(reversed causality)

替代性解释(alternative explanation)

被试 (subject)

实验操纵 (manipulation)

观察自变量(observe the independent variable)

操纵自变量(manipulate the independent variable)

实验组(treatment group)

控制组(control group)

实验控制(experimental control)

霍桑效应(Hawthorne effect)

自然成熟(maturation)

安慰剂(placebo)

受试者间影响(inter-participant bias)

受试者流失(experimental mortality)

自我实现预言(self-fulfilling prophecy)

研究者要求效应(experimenter demand effect)

双盲实验(double-blind experiment)

预实验设计(pre-experimental design)

单组后测设计(one-group posttest-on-

---

① 详见 Srull T K, Wyer R S. The role of category accessibility in the interpretation of information about persons: Some determinants and implications[J]. Journal of Personality and Social Psychology, 1979, 37(10): 1660−1672.

ly design)

前测(pre-test)

后测(post-test)

敏化效应(sensitization)

历史影响(history)

睡眠者效应(sleeper effect)

对等(equivalent)

初始差异(initial differences)

随机化分组(random assignment)

配对(matching)

内在效度(internal validity)

外在效度(external validity)

现场实验(field experiment)

实验室实验(lab experiment)

环境效度(ecological validity)

实验操控检验(manipulation check)

思考题

准备一个你感兴趣的关于因果关系的研究假设,然后设计一个实验来测试它。

1.首先设计一个预实验,列出该设计可能无法排除的替代解释;

2.然后设计一个准实验,列出该设计可能无法排除的替代解释;

3.最后设计一个全面实验,你会选择有前测、无前测的两组设计? 还是选择所罗门四组设计? 为什么?

第7章　内容分析

让我们一起想象这个场景:某企业的创始人登上了某真人秀节目。你想知道这对该企业的知名度会有怎样的影响吗？如果我们可以在他上节目之前得到消息,那就可以在此前和此后各做一次问卷调查,把结果进行比较,看看该企业的知名度有怎样的变化。当然,基于之前对抽样(第 4 章)和问卷调查(第 6 章)方法的讨论,我们知道这样做会花费大量的时间、精力和财力。那么,还有其他办法么？不如试试内容分析？ 在这一章里,我们除了传统的、经典的内容分析方法,还会介绍新媒体上的内容分析,这就把我们带到了一个时下正热的话题:大数据。

7.1　内容分析基本步骤

什么是内容分析

这一章我们要讨论内容分析(content analysis)的研究方法。这种方法通过系统、客观和定量的研究过程来对媒体内容进行分析[①]。内容分析有什么特别的用途呢？ 它和我们之前学过的数据收集方法有什么区别和互补之处呢？ 让我们先给你举一个例子吧。

假设你感兴趣的是媒体上的暴力内容对受众的影响,通过文献搜索,你找到了涵化理论[②](cultivation theory),涵化理论的其中一个基本假设是"媒体上的暴力内容让人们高估社会的危险程度",比如认为社会上有(比实际犯罪率)更高的

---

① 除了内容分析,其他对媒体内容进行研究的方法还包括文本分析(text analysis),语义批判(rhetorical criticism)等,这些方法并不在本书的探讨范围,有兴趣的同学可以参考 Frey L R, Botan C H, Kreps G L. Investigating communication:An introduction to research methods[M]. 2nd ed. Boston:Allyn and Bacon,2000. 第九章。

② 也译作教养理论或培养理论,请参考第 5 章和第 6 章对该理论的简短介绍。

犯罪率,高估自己走在街上遇到打劫事件的风险等。如果你打算用问卷调查来验证这个假设,根据我们之前学过的有关问卷调查的内容,你具体会怎么做呢?

停一停,试一试

请简单阐述你会怎样用问卷调查的方法来测试以上的涵化理论假设呢?

_____

_____

_____

首先我们要找出假设中的核心变量,然后通过问卷调查来测量这些核心变量。在以上这个假设里,有两个核心变量:一个是"对媒体暴力内容的接触",另一个是"对社会危险程度的评估",如图 7.1:

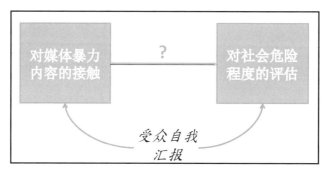

图 7.1 研究假设中的核心变量

当然,这些貌似简单直白的概念却并不一定那么容易测量。但是,你还记得吗?在研究的路上,你并不孤单。你当然可以,并且应该参考前人关于涵化理论的实证研究,考察他们使用过的问题和量表,以此为基础来完成并完善你的问卷。

第一个问题解决了,现在让我们再问你一个问题,这个问题难度要更高一点,请加油。

停一停,想一想

　　如果通过对问卷调查收集上来的数据进行分析,你发现,对媒体暴力内容接触得更多的受众,的确认为身处的社会就是更危险的,我们以上的涵化理论的假设"媒体上的暴力内容让人们高估社会的危险程度"是否就得到了支持呢?为什么?

_____

_____

_____

　　怎么样,你的答案是什么? 首先,根据我们之前关于因果关系的讨论,以上的数据分析结果是否足够支持我们对因果关系进行确认呢? 答案是不能,对不对? 两个变量的相关可能来自伪相关,即本来就有更强暴力倾向的人会更多地选择接触媒体暴力,也相信社会上有更多的暴力事件;另一种可能性,就是由反向因果造成的相关关系,即那些本来就高估社会危险程度的人,可能会更多地选择接触媒体上的暴力内容,好让自己对这个问题有更多的认知,在万一遇到暴力事件的时候知道该如何应对。 因此,通过问卷调查得到的两者之间的显著相关关系,并不能肯定地支持我们以上的涵化理论假设。

　　那么,下一个问题又来了,这个问题更有挑战性了,可能要好好想一想才能回答。

停一停,想一想

　　如果我们根据上一章所学的内容,设计了一个精密的实验,确认了两个概念之间的因果关系,也就是说,观看更多媒体暴力内容的确让人们认为所处的社会更为危险,有更高的犯罪率。 那么,我们以上的涵化理论的假设"媒体上的暴力内容让人们高估社会的危险程度"是否就得到了支持呢? 为什么?

_____

_____

_____

　　怎么样,你想到了么? 即便是通过实验对因果关系进行了确认,我们仍然无法验证以上涵化理论的假设。为什么？问题就出在"高估"这两个字上。如果我们成功地证明了观看媒体暴力内容,比如对暴力事件的新闻报道和血腥的动作片的确提高了人们对社会危险程度的认知,我们又怎样才能知道这样的认知究竟是更为准确,更为接近社会现实,还是偏离了社会现实,高估了社会的实际危险程度呢？如果深究以上涵化理论的假设,这里面其实有三个关键的因素(见图 7.2①),一个是媒体上展示的世界(也就是符号现实,symbolic reality),一个是真正的现实世界(也就是客观现实,objective reality),还有一个是社会个体认知中的世界(perceived reality)。涵化理论假设媒体世界和客观现实之间有明显的差异,媒体没能像一面镜子一样真实地展现出现实世界的样子。而更为有趣的是,Gerbner和其他涵化理论探索者发现,在很多情况下,决定和影响人们的认知的,是符号现实而非客观现实,这就造成了有偏误的社会认知。如图 7.2 所示,虽然客观现实是整个社会的犯罪率在不断下降,但社会中的个体因为受媒体中不断上升的暴力内容的影响,反而认为这个社会在变得越来越暴力和危险。

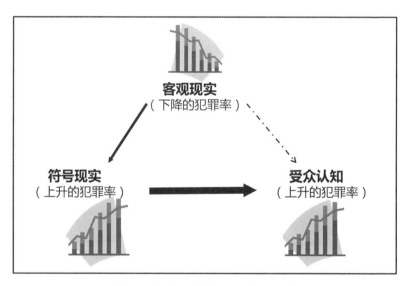

图 7.2　涵化理论中的三个关键因素

　　为了验证这样的涵化理论假设,仅仅靠检验"符号现实"和"受众认知"之间的关系是不够的,我们还需要考察媒体内容,确认媒体的符号现实的确没能准确地

---

　　①　本图来自香港浸会大学新闻传播学院郭中实教授的课堂讲义。

展现客观现实①,这就需要我们学习怎样对媒体内容进行客观系统的分析,也就是我们这一章的主题:内容分析。

除了把媒体内容和社会现实做比较以外,内容分析还可以用来考察媒体内容跨时间跨地区的变化,帮助回答各种有趣的研究问题。

内容分析研究的典型问题

1. 了解媒体内容

比如我们感兴趣的是媒体如何影响年轻女性对自己身形的要求,是不是那些经常接触时尚媒体的女性更容易对自己的身材有不切实际的标准。那么,我们就可以把时尚媒体的内容拿来分析,看看里面展现的女性的身材是否的确普遍过瘦。

2. 把媒体内容和社会现实做比较

比如在刚才涵化理论的例子中,我们就可以把媒体中展现出来的犯罪率和现实中的犯罪率进行比较,看看两者之间的一致程度。

3. 考察媒体内容跨时间、跨地区的变化

你有印象在好莱坞电影中看到有关亚洲或者亚裔的镜头么? 它们和你在亚洲国家自己摄制的电视剧、电影里看到的形象有什么不同么? 如果你把二十年以前好莱坞电影中的亚洲/亚裔形象和最近几年的进行比较,是否会在哪些方面发现显著的变化呢?

以上的这些问题,都需要我们对媒体内容进行详尽研究才能够得以回答。所以,接下来就让我们来为你们介绍内容分析的具体做法吧。

内容分析的基本流程

看起来,如果拥有对媒体内容进行详尽研究的能力,我们可以回答不少有趣的研究问题呢! 接下来我们就会为你介绍内容分析的具体做法。

第一步:确定研究问题/假设

不管是内容分析,还是问卷调查或者实验设计等定量研究,第一步当然是要

---

① 如果想要进一步了解 Gerbner 的涵化理论研究,可以参考 Gerbner G,Gross L P. Living with tele-vision:The violence profile[J]. Journal of Communication,1976,26(2):172—199.

确定我们的研究问题或者研究假设。以此为起点，我们才知道要收集什么样的数据来检验我们的假设或者回答我们的问题。

如果我们有这么一个研究，想要深入了解中国电视节目里所展现出来的爱的意涵。具体来说，我们想要考察中国电视节目的浪漫场景里，究竟有多少比例是展示给观众"纯洁的爱"呢[①]？

这个问题看起来很直白、很浅显易懂对不对？如果你要回答这样一个研究问题，你会怎么做呢？

停一停，想一想

请说说你会采取怎样的步骤来回答以上的研究问题呢？请尽量具体、详尽地写出你的规划。

_____

_____

_____

_____

_____

怎么样，把你的规划写下来了么？现在让我们来问你几个问题，看看你以上的规划是否能够很好地涵盖这些问题。

1. 你打算分析哪些电视节目内容呢？比如，你会选择哪些频道的节目来分析呢？针对每个频道，你会选择哪些日子的电视节目来分析呢？过去一年全年每一天的节目？过去一个月整个月的电视节目？还是从中抽取一些日子来分析？如果抽取日子的话你会怎么抽取？为什么？

2. 针对你所选定分析的电视节目内容，你怎么从中挑选出浪漫场景来呢？什么样的场景才称得上是浪漫场景呢？你也许会说你看到了就知道了，但是你是否可以把你的定义明确、详尽地阐述出来，好让其他的研究者可以重复验证（replicate）你的研究呢？

3. 再问一个更为细节的问题，针对你选中的浪漫场景，你又如何对它们进行分析呢？什么样的展示可以称为是"纯洁的爱"呢？你也许又会说你看到

---

① 以下介绍的研究步骤来自一篇已经发表的研究论文，详情请见 Brown J D, Zhao，X S, Wang N, Liu Q, Lu A S, Li L J, Ortiz R R, Liao，S Q, Zhang, G L. Love is all you need: A content analysis of romantic scenes in Chinese entertainment television[J]. Asian Journal of Communication，2013，23(3)：229－247.

了就知道了,但是,你担不担心自己的主观判断是有偏误的[①]？ 如果你选择了大量的电视节目来分析,你可能需要一整个团队来共同完成分析工作,你怎么跟他们解释你的标准？怎样保证团队中的每一个人都采用同样的标准,而不会因为每个人的标准不同而造成研究结果的偏误呢？

怎么样？你的规划能够很好地回答以上这些问题么？如果不能也不要心慌,更不要气馁。你知道吗,就像我们在这本书里跟你介绍的所有数据收集的方法一样,内容分析的系统流程也是很多的研究者们在不断的实践、失败、反思过程中慢慢琢磨和总结出来的。所以,以上问题你答不上来是正常的,大家都是这么过来的呀！不过好消息是,前人已经有了很多经验教训,并在这些经验教训的基础上总结了内容分析的一些系统的方法和流程。托这些过往研究者的福,我们这些后来者可以少走很多弯路呢。接下来,就让我们继续为你介绍内容分析的具体做法吧。

第二步:编写编码本

首先,数据收集就是根据我们的研究问题/假设,去收集有关的数据来检验我们的研究假设,或者回答我们的研究问题。现在我们已经有了研究问题,就让我们来看看里面有哪些基本元素吧！

停一停,想一想

以下研究问题中有哪些基本元素呢？

中国电视节目的浪漫场景里,究竟多少比例是展示给观众"纯洁的爱"呢？

_____

_____

为了收集数据来回答这些问题,我们就需要分析中国电视节目中的浪漫场景对不对？首先我们怎么定义一个"场景"呢？接下来我们又怎么定义一个"浪漫场景"呢？最后我们又如何界定"纯洁的爱"呢？

这些看似简单的问题却让人好像有点不知道从何说起,要不我们先定义一下"场景",一起开个头？

---

① 还记得我们在聊实验这种方法的时候,聊到了研究者要求效应？研究者要小心自己也许会有意无意的在与研究对象的互动和对研究对象的诠释过程中,带入自己对研究结果的期待或者说预期。

定义一个场景

一个场景指的是地点和时间大致相同的一系列镜头。大多数场景可被理解成一个故事的一节；当背景发生时间或空间上的转移，或者内容上产生角色变化时，我们就定义一个场景结束。在这个研究中，一个广告插入始终标志着一个场景的结束。如果两个场景交错出现，那么每个场景在每次交错中都被定义为一个场景。比如，如果两个人在拥抱（场景一），然后镜头转向两只飞舞的蝴蝶（场景二），随后镜头再转回两个拥抱的人（场景三），这里一共出现了三个场景。

天哪，你也许会问：不就是一个场景吗？需要写得这么详细、这么复杂吗？我自己大概知道不就可以了么？

还记得我们在第 1 章聊过的社会科学研究的特点么？所有发表的研究成果都应该是可以开放并被科学共同体重复验证的，只有这样，才能实现具有自我纠错功能的知识建构体系。为了让我们的研究成果可供后人评判验证，我们必须给出足够详尽的细节。

另外，一旦我们的研究被发表，其他做相关课题的研究者都可以搜索到我们的研究[①]，并且在实际操作中参考我们对核心概念的操作化（operationalization[②]）对不对？为了让后人方便参考，我们也需要提供足够详尽的细节[③]。

接下来我们继续一起想想要怎么定义"浪漫场景"吧。

定义一个浪漫场景

当一个场景中包含"爱"的意涵，在本研究中，这个场景就被定义为一个浪漫场景[④]。

[①] 详见第 2 章关于文献搜索的介绍。

[②] 详见第 3 章有关测量的探讨。

[③] 还记得第 2 章的有关内容吗？后人在参考我们的操作方法的时候，也会引用（cite）我们的文献。每次被引用，都可以说是我们对科学共同体的一次贡献。

[④] 因为篇幅有限，对有关概念或者操作化的介绍不得不有所删减，完整信息请见本章参考文献 Brown et al (2013).

这个好像挺简单的,但却引出了接下来的两个问题,我们怎么定义"爱"的意涵呢? 你来试一下吧!

定义"爱"的意涵,一个场景有什么内容特征就算有"爱"的意涵呢?

_____

_____

_____

怎么样,写出来了么? 在往下看我们的建议之前,请再默念一遍我们的准则,我们的操作化定义需要足够精准,精准到可以让后人重复验证我们的研究结论,或者参考引用我们的操作化定义。你以上的定义满足这个要求么? 我们接下来提出的建议满足这个要求?

定义爱的意涵

当一个场景符合以下的两个标准之一,我们就判断它有"爱"的意涵。

1) 场景中至少有一个角色身处一个爱的关系(或者一个有可能发展成"爱的关系"的关系)中,这个角色在谈论这个关系,或者用身体语言来表达或者展示这个关系。比如一个男孩子跟他的好朋友讨论一个他喜欢的女孩。

2) 场景中至少有一个角色爱着另一个角色,或者至少对另一个角色有好感,并且他们相互有身体接触(比如轻拍,牵手,拥抱等)。

讨论到这里,相信你已经很明确地了解到在内容分析项目中,我们需要把核心概念的操作化定义非常精准详尽地列出来,汇编成一个编码本(codebook)。因为篇幅有限,关于这个具体研究的操作化我们就暂时先讨论到这里,想进一步深入了解的读者请参阅本章的参考文献。

第三步:抽取分析样本

现在我们有了基本的操作化定义,接下来要抽取哪些电视节目内容来分析呢? 聪明的你这时候大概已经想到了,这不就是一个抽样问题吗? 对的,这就是一个抽样问题,不过我们这次抽取的不是人,而是电视节目。

　　就我们的研究问题来说,抽样这个问题实在是相当复杂。为了介绍内容分析抽样中包含的一个重要的基本概念"合成周"或"建构周",让我们先讨论一个稍微简单一点的问题:假设我们感兴趣的是近期,比如过去一年来的新闻联播内容。我们该如何抽取内容来分析呢?

　　我们的其中一个选择当然是把前一年365天的新闻联播都分析一下,这有点像我们在抽样那一章聊过的"普查"(census)。如果可以这样做那当然很好,但很多时候我们并没有如此多的时间和精力,所以可能要从一年中抽取一些日子了。之前在"抽样"那一章,我们已经一起了解了一些抽样的基本理念和方法,还讨论了一些以"人"为对象进行抽样的具体例子,但是针对"日子"的抽样我们的确还没有试过呢。那现在就来试试吧:假设你的时间真的非常有限,只能从一年里抽取一个星期7天的新闻联播来好好分析,你觉得怎样抽取会比较好呢?

　　停一停,想一想

　　要怎样从一年365天中抽取一个星期的时间呢?

_____

_____

_____

　　怎么样? 有没有想到什么好的抽样办法? 我们接下来要跟你介绍的办法叫作建构周或合成周(constructed week)抽样法,顾名思义,这种方法就是要研究者建构或者说合成一个星期出来。为什么不用现成的一个星期,而是要建构、合成一个星期呢? 如果我们从一年的所有52个星期里,通过简单随机抽样抽取一个星期出来分析,有什么不妥之处么?

　　停一停,想一想

　　如果从一年的52个星期里随机抽取一个星期来分析,可能会有什么问题呢?

_____

_____

_____

　　还记得抽样的核心问题是什么吗? 对的,是样本的"代表性",也就是样本是否可以很好地代表它想要代表的总体。假设我们从所有的52个星期里随机地抽取了一个星期,万一那一个星期有什么特别的事件,比如刚好赶上那个星期某个国家的领导人来访,或者那段时间发生了严重的自然灾害,或者正在进行像奥运会那样的重大的体育赛事,这都会让我们抽中的这一个星期成为一个"特别"的星期,从而丧失它的代表性。这个问题要怎么解决比较好呢? 在内容分析操作中,比较常用的一个办法,就是"建构"而非"抽取"一个星期。怎么建构呢? 我们从一年里所有的星期一中,随机地抽取一个星期一,再从一年里所有的星期二中随机地抽取一个星期二,以此类推,把所有随机抽取的周一至周日合成起来,就构成了一个"合成周"或者叫"建构周"。

"合成周"的概念介绍完毕,现在让我们重新回到浪漫场景的研究中来吧。还记得吗,我们想要研究中国电视节目中浪漫场景的特性。只要稍微想一想中国电视节目有多少个频道,我们就知道,这个问题涵盖的内容是多么的庞大。如果我们无法针对中国的所有电视节目频道都抽取一个"合成周"出来做内容分析,那么我们要怎样从中抽取一些频道呢? 在我们向你介绍一个可能的做法之前,我们请你自己先尝试想想看。其实抽取频道和抽取人的抽样方法是可以触类旁通的,比如我们可以把所有的频道列表编号,然后用随机数字表抽取,这样我们就得到了简单随机抽样的频道样本对不对? 那么,你可以尝试把我们之前学习过的其他抽样方法用在抽取频道上么? 哪个方法或哪些方法的组合你觉得最好呢?

停一停,想一想

我们可以怎样从中国所有的电视节目频道中抽取一些频道来做代表呢?

_____

_____

_____

怎么样,你用了什么抽样方法呢? 简单随机抽样当然是一个不错的办法,不过它有一个问题,就是我们的样本还是可能会在一些重要的维度上出现失衡的情况。所以,为了增加样本的代表性,我们可以针对那些对我们的研究来说重要的维度做分层抽样。针对所有的中国电视节目频道这个总体,针对有关"浪漫场景"的研究问题,哪些维度是最重要的呢? 其中一个重要的维度,可能就是电视台的地区分布和级别分布,我们有中央频道(CCTV系列)、省级频道(比如湖南卫视)和再下一层的副省级/市级地区频道(比如咸宁电视),这些不同级别的电视频道所展现出来的"浪漫场景"的特点可能有所不同。为了代表中国电视节目中"浪漫场景"的全貌,我们的样本可能应该在各个地区和级别的频道都有一定的比例才行。所以,分层抽样也许是一个不错的办法[①]。

另外,你有没有考虑过整群抽样呢?如果针对我们的研究总体进行整群抽样的话,其中一个最可能的做法,就是把中国所有的电视频道按照省份分群,然后从这些群中随机抽取。不过你还记得我们讨论过的整群抽样的适用情况么?它最适合群间差异尽可能小,而群内差异尽可能大的情况,而中国不同省份电视台之间可能还是有相当大的差异的,而且这样的差异很可能是大于省内的各级电视台内部的差异的,如果我们只是分析几个抽中省份内的全部电视台,那可能并不能很好的代表全国的所有电视台。所以针对我们的研究总体,分层抽样可能比整群抽样更为适用。

抽取好频道之后,我们就可以针对每个频道抽取一个"合成周",接下来我们就可以正式开始用编码表来录入和分析这些抽中的电视节目内容了。

第四步:对所选内容进行编码分析

很多时候研究者都会邀请、并且培训数个编码员来进行内容分析的实际操作。原因主要有两个:一个是内容分析的工作量常常很大,请相当数量的编码员同时进行编码工作可以提高效率。另一个可能更重要的原因,是为了防止"研究者要求"对编码结果的影响。就拿这个"浪漫场景"的研究做例子吧,如果研究者假设中国电视节目中的大部分浪漫场景都展示了"纯洁的爱",他/她就可能在编码过程中无意识的将浪漫场景更多地归类为"纯爱"类别,那么研究的结果就因为研究者的预设和期待而有了偏差。所以,就像实验研究中的双盲实验一样,我们也可以请并不了解具体研究假设的编码员来对有关内容进行编码。

当我们请多个编码员来进行编码分析的时候,我们需要对这些编码员进行培训。具体来说,我们会让编码员在正式编码开始之前做数次练习,把练习的结果拿来分析,直到确保每个编码员对编码表的理解都符合研究中对相关概念的定义为止。怎么才能知道是否每个编码员对编码表的理解都符合研究中对相关概念的定义呢?我们需要让所有的编码员(包括项目的核心研究者)都对相同的内容

---

① 详情请见 Brown J D, Zhao, X S, Wang N, Liu Q, Lu A S, Li L J, Ortiz R R, Liao, S Q, Zhang, G L. Love is all you need: A content analysis of romantic scenes in Chinese entertainment television[J]. Asian Journal of Communication, 2013, 23(3): 229—247. 在这个研究里,研究者一共分析了 28 个频道,其中 5 个是全国级别的频道,9 个省级频道,还有 14 个地区频道。这个研究针对的是 2004 年中国的电视节目,可以想想看,如果针对现在的中国电视节目,你会怎么修改这个抽样方案呢?

进行编码,然后看看大家编码结果的一致性是否足够高;我们更需要讨论不一致的地方,寻找不一致的原因并且相应地对编码表中的描述进行改进,比如修改编码表中的措辞以帮助理解和减少歧义,又比如在编码表中增加例子(举例子:什么样的情况是"爱"的意涵;也可以举反例:什么样的情况不是爱的意涵)。我们就这样反复练习,直到编码员间的一致性或者叫作编码员间信度(inter-coder reliability)足够高了,才可以正式开始编码。编码员间信度有多种计算方法,其中比较简单的两个公式叫作霍斯提(Holsti)公式和史考特(Scott)公式,具体的计算可参考相关的教科书[①]。

第五步:通过数据分析来进行假设检验

当我们根据编码本完成了对所有所选内容的编码,终于可以进行数据分析来回答我们的研究问题或者检验我们的研究假设了。这真的是激动人心的时刻啊! 比如在浪漫场景这个研究里,我们发现 2004 年的中国电视节目中的浪漫场景还是以纯爱的展示为主[②]。

7.2 分析新媒体的文本内容:大数据初探

我们都知道,现在的新媒体上每分每秒都在积累着海量的信息。我们是否可以通过分析这些信息来得到一些其他方法无法获得,或者难以获得的洞见呢? 大数据(big data)的研究者们在不断尝试着通过对新媒体上海量信息的分析,来达成对我们身处的社会及社会中个人的理解、分析和预测。我们在下一章里会跟大家分析几个利用海量数据进行的典型且精彩的研究,不过,这些研究通常需要运用相当的科技手段、技术和资源来完成,普通人在没有相关机构和经费的支持下,是很难独立操作的。所以,在这一章,让我们先给大家介绍两个方便易行、不需要耗费太多人力物力,我们自己就可以轻松操作的分析新媒体内容的小方法。

搜索引擎所告诉我们的

首先让我们想象这样一个场景,某企业的创始人登上了一个著名的相亲节目。不管他是否牵手成功,创始人在相亲节目上的亮相是否会对该企业的知名度

---

① 详见本章延伸阅读:柯惠新、王锡苓、王宁编著的《传播研究方法》P40−41.
② 详见本章参考文献 Brown et al(2013).

有什么贡献呢?

如果用传统的问卷调查的办法,我们要怎么做呢? 我们可以在该创始人上节目之前和之后分别在全国范围内做两次问卷调查,这样,通过比较两次调查中听说过或者了解该企业的受访人的比例,就可以了解到此事件对该企业知名度的影响了。当然,可以这样做的前提是我们在创始人上节目之前就事先知道这件事,还有我们有足够的人力、财力、物力来实施这两次全国范围的问卷调查。

假设我们真的这样做了,是否就可以很有信心地说两次调查结果之间的差异(或者无差异)真正说明了"企业创始人上相亲节目相亲"事件的影响(或者无影响)呢? 这是个有点难的问题,所以我们给你一个提示,请参考我们在实验那一章对因果关系的讨论。

停一停,想一想

两次调查结果之间的差异是否可以准确地体现"企业创始人上相亲节目相亲"事件的影响呢?

_____

_____

_____

首先,还记得"历史影响"么? 它说的是在研究过程中,除了自变量以外的外在环境因素对受试者的影响。我们可以想象一个企业随着它自己的各种推广和用户的口口相传,自然而然的越来越广为人知。所以,如果该企业在我们的两次问卷调查之间发生了知名度的变化,那也并不一定都是它的创始人上相亲节目的影响。我们两次问卷调查之间相隔的时间越长,这个"历史影响"对我们研究结果的干扰就越大。

假设我们为了最小化"历史影响"的干扰,把两次问卷调查之间的时间缩到尽可能短,变为该创始人上节目前一天和后一天,先不说这样操作的难度和可行性(因为在一天之内完成全国范围内的问卷调查实在是一件相当有挑战的事),它也可能带来一个新的问题。什么问题呢? 那就是我们在实验那一章紧接着"历史影响"后讨论的"睡眠者效应":有些影响因素的效果需要一段时间的消化吸收才能充分显现出来。具体到我们这个案例,如果后测与创始人上节目之间相隔的时间过短,也许这件事情的效应还没能完全发挥出来呢。很多人也许当天没看到该相亲节目,但是后来得到朋友分享,或者看到有关新闻报道才点链接去了解。这些传播过程其实需要一些时间,也就是说,创始人上相亲节目这件事对该企业知名度的影响也很可能是有"睡眠者效应"的,如果我们卡着节目播出后的第一天马上做调查,可能无法充分了解到这件事的真正效应。

这时候你可能会问,怎么跑题这么远? 不是说好了要介绍一个轻松简单可以让我们自己操作的内容分析的办法么? 好吧,我们铺垫这么多,一来是想顺便帮你温习一下之前学过的内容,把它和现在所学的内容联系一下加深理解;二来是想要帮你充分了解我们接下来将要介绍的这个办法究竟有多么的好,千万不要小瞧了它啊!

我们要介绍的这个办法无论是原理还是操作,都是超级简单的,它叫作搜索引擎指数(index,也叫搜索热度或简称热度),具体来说,就是搜索引擎把用户的搜索关键词自动记录下来,通过这个记录,我们可以了解各个关键词的搜索热度,以及这个热度的变化。比如,落实到某企业的这个例子,我们完全可以把该企业名作为关键词,观察其搜索热度在创始人上相亲节目前后的变化趋势,借此了解此事对企业知名度的影响。这件事做起来实在比实施两次问卷调查轻松太多了,你只需要找到百度指数,然后输入你想要查找的关键词就可以了。

除了搜索热度随时间的变化,你还可以分别搜索不同地区的百度指数来考察搜索热度的地区差异。好,事不宜迟,现在就去百度指数尝试考察一个你有兴趣了解的关键词吧!

除了我们上面举的例子,搜索引擎指数还可以用来做好多有趣和有意义的事情。比如,你可以比较一个自己喜欢(或者想要研究)的剧集里各个角色被用户搜索的频率,从而推测哪些角色最能激起观众的兴趣;又比如通过不同服饰的搜索热度了解时尚趋势;通过不同上市公司的搜索热度预测股价;通过对不同病况的搜索预测某流行病的传播速度,等等。

词云的妙用

假设你想要设计一个新的智能手机,为了让自己的设计更符合大众的需求、特别是能够弥补市场上现有产品的不足之处,你决定要了解大众对市场上现有的智能手机有哪些不满。为了达到这个目标,你可以怎么做呢? 当然你可以做问卷调查,但是除此之外呢?

让我们来想一想,人们会不会把自己对手机的评价放在新媒体平台上,比如购物网站、微博或者论坛上分享呢? 如果会的话,我们通过分析这些内容不就可以对现有品牌的不足之处,以及广大人民群众的需要有一定程度的了解了么? 对网上文字的其中一种简单的分析总结的方法,叫作词云(word cloud)。所谓词云,就好像是词组成的云朵,云朵里面每个字都来自被分析的文本。当文本中某个字出现的频率高时,这个字在词云中就变得大一些,相反地,那些在文本中很少出现的字在词云中就会显得很小。

比如,假设有一些创业者收集到大量用户对智能手机的负面评价,然后做了一个"词云"来对这些评价进行总结。如果最后他们得到了图 7.3 的这个词云,这说明什么问题呢? 我们可以很明确地发现,在被分析的所有手机负面评价里最常出现的字眼就是"电池"(battery)。因此,如果一个新智能手机产品可以在电池效能上做出突破性进步的话,就很可能会在市场上开辟出一片新天地。

图 7.3　词云示例

词云看上去还蛮难做的是不是? 其实有各种各样的方法可以帮我们搜索数据和制作词云,比如 R 语言就有专门制作词云的 R 包"wordcloud①"。又比如有一些在线词云工具(如 WORDCLOUDS②),我们只需要把想要分析的文本信息贴到一个对话框里,做一些简单的设置,系统就可以自动帮我们生成词云。不如现在就去搜索这些工具来尝试一下吧?

---

① https://cran.r-project.org/web/packages/wordcloud/wordcloud.pdf
② https://www.wordclouds.com/

延伸阅读

[1]柯惠新,王锡苓,王宁. 传播研究方法[M]. 北京:中国传媒大学出版社,2010.

[2] Gould S J. The mis-measure of man[M]. New York:Norton & Company,1996.

[3]Gerbner G,Gross L P. Living with television:The violence profile[J]. Journal of Communication,1976,26(2):172—199.

关键词

编码本(codebook)   百度指数(baidu index)

建构周/合成周(constructed week)   词云(word cloud)

编码员间信度(inter-coder reliability)

思考题:

1. 请提出一个适合用内容分析方法来检验的研究假设,或者回答的研究问题,然后

   ➤ 为它编写详细的编码本。

   ➤ 做出相应的抽样方案并予以实施。

2. 请提出一个适合用"搜索引擎指数"来回答的小问题。

   ➤ 然后用搜索引擎指数来尝试回答这个问题。

   ➤ 尝试思考这样的研究过程可能有什么不足之处。

3. 请寻找一段文本来制作一个词云。

   ➤ 阐释该词云所带来的洞见。

   ➤ 仔细想一想,文本中是否有什么信息是词云分析所无法带出的?

第 8 章　写在最后

Now this is not the end. It is not even the beginning of the end. But it is perhaps the end of the beginning.

— Winston Churchill

　　转眼间就来到了本书的最后一章。我们深深感到，区区一本书能够涵盖的内容之深度和广度都是非常有限的，所以，这本书并无意也不应该成为你研究之路的终点。相反地，我们希望它能够为你打开研究世界的一扇门，让你一窥这里面的美丽风景。推开门，往深处走，研究的世界还有很多精彩的问题等着你去探究、去回答。

　　在最后一章我们想做两件事，一是跟你们聊聊最近非常热门的话题：大数据，并在这个过程中进一步加深你对之前讨论过的三种具体数据收集方法的理解；二是为你介绍一些好用的二手数据资源。

8.1　大数据再探

　　忽如一夜春风来，突然间，无论是业界还是学界，大数据仿佛都成了一个热议的话题。那么，究竟什么是大数据呢？它有 5 个最基本的要素，人称 5Vs。

大数据的 5V

1. 数量级（volume）大数据所处理的数据的数量级是前所未有的。想想真的很神奇，只不过短短不到一百年，人类才发明了第一台计算机[①]。那时候，我们需要一个房间那么庞大的计算机来完成一个小朋友就可以做到的基

[①]　第一台二进制可编程的计算机是由德国人 Konrad Zuse 于 1936 至 1938 年间在他父母的客厅里组装完成的。

本计算和存储。可如今，我们的计算机已经能够处理惊人量级的数据，想想你常用的社交媒体，每一天它产生的数据量是多么的庞大，这就是大数据所要处理的内容。

2. 速度（velocity）大数据处理的不光是大量的数据，也是无时无刻不在迅速变化和增长中的数据。无论是人们在社交网络上面发表和分享的内容，还是在购物网站上的浏览和购买行为数据，它们每分每秒都在以惊人的速度增长、积累和变化着。

3. 数据多样性（variety）大数据的另一个特点，就是它所处理的是多样化的数据。人们登陆、浏览、发呆、分享文字/图片/视频、搜索和购买商品、增加和删除好友、点赞和收藏文章等，这形形色色、格式各异的数据都是大数据需要分析和处理的对象。

4. 数据准确性（veracity）大数据拥有的另一个特点，或者说面对的另一个挑战，就是数据的准确性。想想我们在社交媒体上看到的信息，或者在购物网站上看到的商品评价，里面包含多少无心的失误和有心的误导，可这就是大数据需要面对和处理的内容，我们能够用数量来弥补质量上的偏误，让大数据分析产生有价值的洞见（insight）吗？

5. 产生价值（value）大数据的最后一个，也是最重要的特点或者说挑战，就是产生真正有价值的洞见（insight）。如果做不到这一点，那么拥有再庞大的数据量和再强大的数据处理能力都是枉然。

以上的5V相当精辟地点出了大数据研究的特点[①]，不过还是有点太抽象了是不是？不用担心，我们马上就会给你介绍一些具体的例子。在本书中，我们不是聊过内容分析、实验还有问卷调查这三种数据收集方法么？接下来让我们就这三个领域分别给你举例子吧。除此以外，我们还会跟你讨论一种新的数据收集和分

---

① 想要更为深入了解5V的你，可以参考Bernard Marr的有关演讲文稿：大数据的5V。我们在文末也会提供更多关于大数据的参考书目。就像我们之前聊过的，科学研究是站在巨人的肩膀上看世界，或者拿着前人勾画的藏宝图探索世界的过程。为了让世界认识到前人的贡献，我们在发表自己的成果时会引用那些对我们有指导意义和参考价值的前人发表的文章。这条原则在大数据上当然也适用，唯一不同的可能是大数据方面新的观念、想法常常是犹如雨后春笋一般不断涌现，而有关的研究却没能那么快得以实施和发表，我们在本章中介绍的有些内容，虽然来自有关的学者，但却并不一定是来自其在学术期刊上发表的文章，而可能来自有关的讲座、课程、甚至私人交流。我们会在行文中尽可能准确地对这些内容进行标注，而在本节的结尾，我们也会列举更多有关的讲座和课程信息，供有兴趣进一步深入学习的你参考。

析形式:社会网络分析。

内容分析

前面我们在介绍内容分析的时候,已经简单地聊了一些大数据的应用了。这样的安排并非偶然,而是因为大数据的一个最自然的应用领域,就是分析新媒体上不断涌现出来的大量内容。那么,大数据的内容分析和传统的内容分析有什么根本的不同呢?

传统内容分析和大数据内容分析(第一部分)

1. 数量级(volume) 传统内容分析和大数据内容分析两者之间最显而易见的一个区别,就是所处理数据的数量级。大数据专家 Bernard Marr 曾形象地说:"如果我们把人类有史以来直至 2000 年产生的所有数据加和,得到的数据总量才不过是现今世界人们几分钟之内所产生的数据量①。"的确,如今大数据分析所处理的数据量级是前所未见的。这么大量的信息很难完全靠人力来分析,所以很多时候,我们是"教"机器来快速地对这些内容做一些自动的分析②。

你有试过在淘宝购物么?那里的宝贝是不是琳琅满目,多得让人仿佛要看花了眼?购买了某件商品的买家常常对商品进行评价反馈,有些热门商品的评价数量可以多至成千上万条,试想象淘宝网这样的购物网站每分钟产生的评价内容该有多么的庞大!作为买家,我们常常希望参考前人的评价来辅助自己了解商品、做出最好的购物决定。可是成千上万的评价实在有点看不过来,如果有人能将这些评价数据帮着分析总结一下就好了。你留意过吗?淘宝也的确是这样做的,如果你点击观看一个商品的评价内容,会发现有"大家都写到"这么一栏,把大家关于这个商品最主要的印象概括出来(见图 8.1)。仔细观察一下我们会发现,这个

---

① Marrb. Big data possibilities,Data Science Central,http://www.datasciencecentral.com/profiles/blogs/big-data-possibilities.

② 如果你想要进一步了解如何"教"机器来自动分析大数据内容的话,可以参考斯坦福大学的 Dan Jurafsky 和 Christopher Manning 教授在 coursera 上联合开设的网上课程"自然语言处理"(Natural Language Processing)或者搜索其他相关课程。

分析除了帮我们列出最常见的关键词,每个关键词后面还有一个括号,里面的数字是相应关键词[①]出现的频率,比如质量不错(203)、尺寸正好(37)、便宜(44)等。

图 8.1 网上购物平台评价示例

让机器来分析用户评价的好处是它快捷而且节省成本,可以处理大批量且飞速增长的数据内容;但它还是有一定的局限性,面临不少的挑战。首先让人最头痛的大挑战,就是机器判别人类语言时的准确程度。那些我们习以为常,理解起来不费吹灰之力的自然语言表述,对机器来说却可能是相当费解的。

当然,我们可以教授机器哪些词汇是正面的(比如"不错""很好""满意"),而哪些词汇是负面的(比如"糟糕""差""失望"),让机器以此为基础来判断哪些评价是总体而言正面的评价,而哪些是负面的。听上去挺简单明了的对不对?但事情并没有那么简单,仔细想想,人类的语言表达其实是相当复杂的,出现正面词汇多的评价并非一定是正面评价,因为人们会反讽、说反话;会使用峰回路转的转折表达(比如使用大量正面词汇铺垫了自己对某产品的高期望之后,再表达自己的失望之情);甚至可能会在评估某个商品的时候顺便评点一下其他有关或者没关的东西(比如评价空气净化器之前先大篇幅地讨论一下最近的空气质量;比如评价玩具的同时说说自己的孩子乖不乖、聪明不聪明);我们人类可以轻松没有歧义地理解这些表达,从中准确无误地抽取出用户对相应产品的评价,但同样的任务对机器来说就相当具有挑战性了[②]。

更"糟糕"的是,现在用户给出商品评价或者在社交媒体上发表文章时,除了提供文字,常常还上传图片。对于人类而言,一张图片相比于一段文字,不但包含更丰富的信息,还更容易理解、记忆;可对机器来说,如何从一张图片的千千万万个像素中抽取、精炼出有效的信息还真是一个难题。图片已经是难题,那么视频呢?我们要如何教机器来归纳一段视频所包含的丰富内容呢?

---

① 和淘宝有关的工作人员咨询后我们得知,意思相近的关键词在这类分析里被归纳在了一起,比如"非常暖和"出现的次数,也包括意思相近的关键词(如"很暖和")出现的次数。感谢淘宝范欣珩先生对我们的帮助。

② 我们在这方面已经有很多研究和进步了,想了解更多请参考前文推荐的斯坦福大学的自然语言处理课程。

还记得我们之前在讨论内容分析时为你介绍的编码本么？我们是怎么详细地规定如何界定一个场景（scene），如何界定一个场景是否包含爱的意涵，我们当然也还可以界定场景中两个人的关系种类（夫妻、情侣、有发展为浪漫关系的可能的朋友等），这些判断对于人类编码员来说有一点难度，但经过一段时间的训练是完全可以掌握的。但如果我们想让机器对这些复杂微妙的变量做出同样准确的判断，那难度可就大得多了。所以，相对于传统的人类编码员操作的内容分析，采用机器分析的大数据内容分析可以处理的变量暂时要简单一些。

综上所述，除了以上我们提到的第 1 点"数量级"的区别，大数据内容分析和传统内容分析的区别还有以下几点：

传统内容分析和大数据内容分析（第二部分，续前表）

2. 准确性（accuracy）如何提高机器判断的准确性，这还是大数据内容分析的一个重大挑战。

3. 数据格式（variety）传统的内容分析中，一个项目针对的数据格式是相对单一的（比如我们之前举例的电视节目分析项目，它自然针对的就是电视节目了）。而大数据内容分析往往面临更多样化的数据格式，同样在一个社交媒体平台上，有的用户可能提交文字，有的可能提交图片，有的则可能是视频。

4. 变量的复杂程度（complexity）现今阶段，我们可以教授机器自动做出的判断还是相对简单，比如判断一个商品评价是正面还是负面；而针对更为复杂微妙的情感、关系和概念，机器判断在现阶段还是有它的局限。

大数据实验

传统的实验研究里，因为时间、空间、人力和物力的限制，一个实验组别只有 50—100 个左右的被试是相当普遍的状况[①]，如果能达到每组 200 个被试，那就算是相当奢侈的了。相反的，在大数据环境下的实验，则完全是另一番景象：别说 100 个被试了，一千、一万，甚至百万个也不在话下。接下来我们要给你介绍的这

---

① 具体到某个实验的被试数量，那就要取决于有关研究变量的效应量（effect size）和研究所需的检定力（power），如果希望深入探讨这个题目，同学们可以利用我们第 2 章学到的文献搜索方法来查询有关研究，比如 Brysbaert M. How Many Participants Do We Have to Include in Properly Powered Experiments? A Tutorial of Power Analysis with Reference Tables[J]. Journal of Cognition，2019，2(1)：16.

个研究,就有 6100 万个被试呢!

这个发表在《自然》(Nature)期刊上的实验是在美国某社交媒体上展开的,试图考察社交媒体上的社会影响(social influence):如果你知道你的朋友们都做了某件事情,购买了某样商品,参加了某项活动,你会更倾向去做这件事情、买这样商品、参加这项活动么? 具体在这个实验里,研究者们考察的是有关朋友投票行为的信息对用户本人投票行为的影响。所有的被试被随机分到三个组,接受三种不同的信息,一组是"纯粹信息组"(informational message),他们在自己的社交媒体主页会看到一个置顶信息,告知他们在该社交媒体上已经参与投票的用户的总人数,并提供超链接让他们可以点击查询附近的投票点,最后,用户本人也可以通过点击"我投票了"按钮来告知系统自己已经投票。"社会信息组"(social message)看到的主页置顶信息里,除了包含以上"纯粹信息组"的所有内容,还附加了 6 张已经投票的好友的头像。而第三组"控制组"(control group)则完全没有看到任何关于投票的置顶信息。

研究者接下来将三组进行了比较,他们发现,在社交媒体上看到好友的投票信息的确会对用户的投票行为产生影响:相对于"控制组","社会信息组"的投票率提高了 0.224%。你也许会说,哇,还不到百分之一? 这影响也太小了吧! 可是如果考虑到美国全国可投票人口的基数,我们就意识到这小小的百分比也可能意味着大大的绝对人数。按照这个研究结果推算,在社交媒体上提供好友投票信息不但可以直接增加 6 万的投票选民,还可以通过进一步的社会传染(social contagion)再间接地吸引 28 万选民去参加投票呢[①]。

超大规模问卷调查

如果说 6000 万人的实验在大数据之前是闻所未闻,大规模的问卷调查却并非什么新事物,远在新媒体诞生之前,我们就已经有人口普查(census,也就是调查我们研究总体里的每一个人)的概念了,除了普查,本书第 4 章在讲述抽样方法时,也举了一个历史上著名的超大规模样本调查的例子呢,你还记得吗?

我们说的就是《文摘》(Literacy Digest)杂志样本量高达 200 万的那一次试图预测美国总统大选结果的调查,你还记得,相对于同年盖洛普(Gallup)做的仅有 5 万人样本的预测,《文摘》的预测是否更加准确呢? 为什么?

对的,你记得没错,《文摘》的预测失败了,而样本量明显小得多的盖洛普却成

---

① 关于本研究的详情请参看 Bond R M, Rariss C J, Jones J J, Kramer A D, Marlow C, Settle J E, Fowler J H. A 61-million-person experiment in social influence and political mobilization[J]. Nature, 2012, 489: 295−298.

功了。为什么呢？因为《文摘》的样本虽然大，却有系统性的偏误（向更为富裕的阶层倾斜），而盖洛普的样本虽小，却比《文摘》的样本更均衡因而更具有代表性。换句话说，有偏的大样本造成的偏误要远大于一个均衡的小样本造成的偏误。

同样的思路也适用于考量大数据技术支持下的问卷调查，研究者必须要时刻提醒自己，大样本并不代表好样本，我们要清楚样本的成分或结构，清楚它和我们的目标研究群体之间的关系。还记得另一个我们在第 4 章《抽样》中举的某浪网站关于春晚的问卷调查的例子么？这个问卷调查就可以说是一个大数据的问卷调查，我们可以想象大量的某浪网用户回答了这个问卷，但我们能说这个调查结果一定能代表我们感兴趣的总体（比如中国全体电视观众）的想法么？为什么？我们在第 4 章已经对这个问题有了详细的讨论，在这里就不赘述了，如果你有点不记得，可以返回第 4 章找答案，我们希望这个思考的过程会帮助你更好地分析和理解眼下能看到的大数据调查。

社会网络分析

社会网络分析[①]（social network analysis）的理论和方法早在 1930 年左右就已经以社交关系计量法（sociometry）的形式萌芽发展起来了[②]。所以，它并不是随着社交媒体的产生而衍生出来的数据收集和分析手段，但不可否认的是，互联网特别是日益盛行的社交媒体的确赋予了社会网络分析以新的生命。第一，因为新媒体和新技术的存在，关于社交网络及其变化的数据更容易获得、存储和分析了；第二，社交媒体大大提高了人们社交网络的规模和复杂程度[③]，研究它成了更为有趣，也许是更有潜在社会意义和影响的事。你可以问问自己的祖父祖母，他们在你这个年纪的时候，有多少可以经常保持联络的朋友[④]，又有多少偶尔联络的朋

---

① 有时也称为社交网络分析。

② 请参考 Wasserman S，Faust K. Social network analysis：Methods and applications［M］. Cambridge：Cambridge university press，1994. 也可参考中国人民大学出版社出版的译作《社会网络分析：方法与应用》

③ 请参考 Cherifi H. Complex networks and their applications［M］. Newcastle upon Tyne，UK：Cambridge Scholars Publishing，2014.

④ 这里说的朋友是一个比较宽泛的概念，不仅包括生死之交、亲如兄弟姐妹的朋友。在社会关系网络研究里，也区分所谓的强关系（strong ties）和弱关系（weak ties），可以肯定的是，社交媒体大大增加了人们可以维系的弱关系的数量，但对于强关系的影响是否正面其实还有待商榷。说到这里给你推荐一个有趣的研究，它发现朋友喝咖啡聊天期间把手机放在桌上竟然可以影响谈话的质量，降低两个人交心的程度，而其中一个可能的原因，就是手机所指代的更广大的社交网络影响了眼前人与你的互动。怎么样，下次和好朋友聊天的时候，要不要考虑把手机放包里？Misra S，Cheng L，Genevie J，Yuan M. The iPhone effect：The quality of in-person social interactions in the presence of mobile devices［J］. Environment and Behavior，2014，48（2）：275－298.

友,然后把他们的数字和你自己的数字做比较。你会发现,在靠电话本记录联络信息、靠写信、打电话和见面来保持联络的年代,一个人能维持的朋友圈的规模和现在你朋友圈的规模真的不能同日而语。

社会网络分析现在被广泛应用在医疗、运输、营销、知识生产、政治研究等诸多领域,但是抛却这些五花八门的具体研究对象,所有的社会网络分析研究都基于三个核心假设,或者说核心洞见[①]:

1. 除了研究个体的特性,我们还可以通过探究个体之间的社会关系来了解人类社会;

2. 有些时候,社会关系的结构(structure)比社会交往的具体内容(content)更重要;

3. 我们可以以点和线的形式视像化(visualize)社会关系,并对其进行分析。

简单来说,社会关系网络研究探究个体之间的关系,寻找其中的结构,并且以此为基础分析和解决问题。请仔细看看图 8.2,它代表一个社会关系网络,我们从中标出了两个点,代表这个社会关系网络中的两个个体。接下来,让我们一起来思考两个问题。

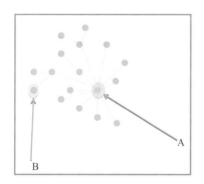

图 8.2　社会关系网络示例

1. 如果这个社会关系网络代表一个消费者群体,而个体之间的连线代表他们是否有线上或者线下的交流。现在,某公司想要向这群消费者推销某种新商品。如果说服 A 或者 B 来试用甚至接纳该产品的成本是一样的,那么这个公司应该选择先去说服谁,才能更有效地把他们的产品推广给这个消费者群体中尽可能多的成员呢?

2. 如果这个社会关系网络勾画的是一个地区的诸多医院、诊所或社区医疗中

---

① Carrington P J. Applications of social network analysis[M]. London, UK: Sage, 2014.

心，而连线代表的是这些医疗机构互相有转介患者的关系。如果作为医护人员你发现了一个前来看诊的患者可能感染了某种极度危险且具传染性的病毒，你应该把这位患者安排在 A 或者 B 哪家医院来尽量降低病毒扩散的风险？

怎么样，在这幅社会关系网络图的帮助下，你是不是感觉回答这些问题并不太困难[①]？这两个问题针对的是完全不同的个体，但社会关系网络分析看的不是这些具体的个体的特性，而是所有的个体之间关系的结构。通过对关系网络结构（而非具体交往内容）的解读，社会关系网络分析可以辅助人们在很多领域作出准确的判断和决策。

关于大数据的一些思考

希望我们上面的讨论能帮助你建立一个对大数据和大数据研究的基本概念。最后，我们想结合之前跟你聊过的数据收集的方法和原则，从批判思考的角度再聊一聊这个话题。

我们想说的第一点，也是我们之前反复强调的一个理念："大"并不等于"全"。相对于一个大而有偏的样本，一个小而有代表性的样本其实可以给我们提供关于总体的更准确的信息。所以，即使是在大数据时代，关于抽样的基本理念和思路仍然很重要：一个样本里最珍贵的特质不是"大"，而是有代表性。

我们想要说的第二点，是大数据在数据收集手段上的局限，我们在第 3 章《测量》的时候聊过自我报告（self-report）、他人报告（other-report）和观察（observation）三种方法以及他们各自的利弊，你觉得大数据这种数据收集方法更接近哪一种方法呢？大数据让我们得到行为数据，就像是"观察法"的数据收集方法；但是，很多时候仅仅观察行为是不够的，我们需要了解行为背后的原因，这时候我们就可能需要用到"自我报告"的数据收集方法。

我们想要说的第三点就是，如果想要深入了解新媒体对认知、心理的影响，我们需要丰富的变量，而现今大数据给我们提供的数据条数（cases）虽然是海量的，可每条数据里包含的可用变量（variables）却相当有限[②]。

以上的第一点前文中已经有比较详细的说明，这里不再赘述。为了更好地说

---

① 第 1 题的答案是 A，而第 2 题的答案是 B。原因是 A 比 B 在网络关系结构中处于更为"核心"（central）的位置，或者换句话说，B 比 A 处于更为"边缘"（peripheral）的位置。

② 香港城市大学祝建华教授在 2015 年计算传播研究工作坊（CCR2015）的演讲上详细地介绍和分析了有关观点。

明第二点和第三点,我们举一个用传统的研究方法来研究新媒体的具体例子好了。这个例子涉及的是媒体研究中一个很有趣的话题:媒介即讯息影响(medium effect),这个影响的核心问题是"同样的内容,如果透过不同的媒介传递出来,会造成不同的效果么?"比如,一个公众人物发表了自己对一系列问题的看法,如果这些看法发布在这个公众人物的社交媒体主页,是否会产生与传统的报纸访谈形式完全不同的效果呢? 哪一种发布方式会更正面地影响人们对他/她以及他/她所持观点的态度? 为什么? 是什么样的心理机制导致了这样的不同?

我们接下来要介绍的这个研究①采用了实验的数据收集方法来尝试回答以上的问题。217名研究被试被随机分配为两组,一组观看该公众人物在社交媒体上发表的观点,而另一组则观看他在报纸访谈上发表的完全相同的内容。研究将两组被试对比之后发现,对于"高带入感"(high transportability,即容易将自身带入媒体内容)的受众而言,社交媒体发布的内容(相对于传统媒体上发布的同样内容)更容易让他们对有关人物产生更为正面的态度。而产生这种影响的背后心理机制,是因为社交媒体上的内容会让他们更有"社会临场感"(high social presence,即一种仿佛在和该公众人物进行真实互动的感受)。在这个研究中,研究者必须要深入了解被试的心理状况,比如他们用6个问题(如"在看小说的时候,我很容易就可以让自己仿佛身临其境")测量了受众的"带入感"(transportability),又用3个问题(如"我感觉自己好像真的在跟这个人交谈一样")测量了他们在阅读有关内容(报纸文章或者社交媒体主页)时,对该公众人物的"社会临场感"(social presence),当然研究者还测量了被试在阅读有关内容前后对该公众人物的态度。从这个例子里我们看到,研究中需要的一些丰富的内心世界变量,是很难仅仅通过大数据的观察数据而得到的。

如何研究大数据

讲了这么久大数据,你是不是有点跃跃欲试,想再多知道一些,想了解更多的理论方法和案例,甚至尝试自己收集大数据来分析一下? 太好了,真为你的好学和求知欲感到高兴。我们就在这里为你介绍一些做大数据可以使用的工具和可供你进一步学习进修的课程吧。

---

① Lee E J, Shin S Y. When the medium is the message: How transportability moderates the effects of politicians' Twitter communication[J]. Communication Research, 2014, 41 (8): 1088−1110.

大数据工具介绍

首先,让我们先介绍一些大数据研究可以用的开源(open access)的工具①吧。老实说,这方面的工具是如此之多,更新得如此之快,以至于大概在你看到这本书的时候,我们整理的这个表格就已经过时了。不过但愿它还是能给你提供一个参考,让我们了解大概可以从哪些角度来考量一个收集大数据的工具。

表 8.1 收集大数据的工具

工具	社会网络分析	文本分析	数据导出服务	可视化分析	已支持发表内容
Foller. me	无	有	无	有	期刊文章
Netlytic	有	有	有	有	期刊文章
NodeXL	有	有	有	有	书籍 & 期刊文章
Textexture	有	有	有	有	期刊文章
SocioViz	有	无	无	有	暂无

从表 8.1 你也可以看出,大数据研究可用的工具真的很多,也各有特色。就拿 Netlytic 来举例吧,它是加拿大瑞尔森大学(Ryerson University)的社交媒体实验室(social media lab)研发的一个社交媒体数据收集和分析工具,可以帮助你收集多个社交媒体平台上的数据,并对其进行简单的分析。在网络上搜索任何一个有关的工具,在搜索词里加入"教程"(或者 tutorial),你应该都会搜到不少有用的信息/案例,比如 Netlytic 本身的网站②上就有很详细的案例、教程可供你参考。需要指出的是,表格中的工具更侧重于大数据的收集,如果你想要对收集到的大数据进行分析,(同样免费的)R 语言可能是不错的选择。在 Netlytic 的主页上也介绍了一个把 Netlytic 与 R 语言结合,对社交网络数据进行分析的案例。

参加有关课程/工作坊?

如今,和大数据有关的网上课程和线下工作坊/硕士课程越来越多、越来越丰富了,这对求知若渴的你可真是好消息吧。这些课程有些是线上课程,也就是说,

---

① 有一些收费的工具,比如 TACT 也很好用,但价格昂贵,在这里就暂时没有介绍。另外,我们还可以利用 R 或者 python 等编程语言来编程抓取数据。

② https://netlytic.org/

只要你有一台能够连接到互联网的电脑就可以完成的课程;而有些是需要你到外地、甚至远涉重洋到外国去学习的线下课程。线上课程更为方便快捷,而线下课程能让你和导师、同学有更充分和直接的互动。两者各有利弊,但愿你能找到更适合自己的那一个。寻找这些课程的方法很简单,只要用搜索引擎查找相关的关键词(大数据 big data,线上课程 online courses,夏季课程 summer school),海量的信息就会滚滚而来。你会发现,原来斯坦福、MIT、加州理工、约翰·霍普金斯大学等名校都开办了有关大数据的线上课程,而好的线下学习机会也有很多,比如复旦大学上海新媒体实验中心与香港城市大学互联网挖掘实验室合办的数据挖掘工作坊,比如牛津大学互联网研究中心(Oxford Internet Institute)开办的夏季博士课程(Summer doctoral programme),中国传媒大学调查统计研究所(SSI)举办的大数据研究基础培训,等等。

8.2 二手数据的宝库

虽然我们整本书都在聊如何收集数据,但收集数据所需要的人力、物力对很多人,特别是还在求学阶段的你是不是还挺难达到的?别担心,有一个好消息要告诉你。你知道吗,除了自己动手收集数据以外,我们还可以使用其他学者或者学术机构精心收集并大方分享的数据呢,我们将这样并非自己亲手收集的数据叫作二手数据[①](second-hand data)。

中国综合社会调查[②]

中国综合社会调查(Chinese General Social Survey,CGSS)始于 2003 年,是我国最早的全国性、综合性、连续性学术调查项目。它系统、全面地收集社会、社区、家庭、个人多个层次的数据,总结社会变迁的趋势,探讨具有重大科学和现实意义的议题,推动国内科学研究的开放与共享,为国际比较研究提供数据资料,充当多学科的经济与社会数据采集平台。目前,CGSS 数据已成为研究中国社会最主要的数据来源之一,广泛地应用于科研、教学、政府决策之中。中国综合社会调查(CGSS)在年度调查的基础上,于 2009 年联合全国各地 29 家大学及社科院发起组织了中国社会调查网络(CSSN),负责 CGSS 年度调查的实施,开创了我国学术性社会调查组织执行的新模式,至 2014 年 CSSN 成员单位达 48 家,详情请参考

---

① 感谢来自伊利诺伊州立大学传播系副教授苑京燕关于在本书中加入二手数据的建议。
② http://cgss.ruc.edu.cn/

CGSS 网站①。

中国家庭动态跟踪调查②

中国家庭动态跟踪调查(Chinese Family Panel Studies，简称 CFPS)由北京大学中国社会科学调查中心(ISSS)实施，旨在通过跟踪收集个体、家庭、社区三个层次的数据，反映中国社会、经济、人口、教育和健康的变迁，为学术研究和公共政策分析提供数据基础。CFPS 重点关注中国居民的经济与非经济福利，以及包括经济活动、教育成果、家庭关系与家庭动态、人口迁移、健康等在内的诸多研究主题，是一项全国性、大规模、多学科的社会跟踪调查项目。CFPS 样本覆盖 25 个省/市/自治区，目标样本规模为 16000 户，调查对象包含样本户中的全部家庭成员。CFPS 在 2008、2009 年两年在北京、上海、广东三地分别开展了初访与追访的测试调查，并于 2010 年正式开展访问。经 2010 年基线调查界定出来的所有基线家庭成员及其今后的血缘/领养子女将作为 CFPS 的基因成员，成为永久追踪对象。CFPS 调查问卷共有社区问卷、家庭问卷、成人问卷和少儿问卷四种主体问卷类型，并在此基础上不断发展出针对不同性质家庭成员的长问卷、短问卷、代答问卷、电访问卷等多种问卷类型。

中国劳动力动态调查③

中国劳动力动态调查(China Labor-force Dynamics Survey，简称 CLDS)是"985"三期"中山大学社会科学特色数据库建设"专项内容。CLDS 聚焦于中国劳动力的现状与变迁，内容涵盖教育、工作、迁移、健康、社会参与、经济活动、基层组织等众多研究议题，是一项跨学科的大型追踪调查。CLDS 样本覆盖中国 29 个省市(港澳台、西藏、海南除外)，调查对象为样本家庭户中的全部劳动力(年龄 15 至 64 岁的家庭成员)。在抽样方法上，采用多阶段、多层次与劳动力规模成比例的概率抽样方法(multistage cluster, stratified, PPS sampling)。CLDS 于 2011 年在广东省开展了试调查，并于 2012 年正式铺开在全国的调查。

中国健康与养老追踪调查④

中国健康与养老追踪调查(China Health and Retirement Longitudinal Stud-

---

① 关于每个二手数据库的介绍文字都摘自该项目本身的网址。如果想要获得关于项目的更为详尽的和最新的信息，请访问有关项目网址。

② https://opendata.pku.edu.cn/dataverse/CFPS

③ http://www.cnsda.org/index.php? r=projects/view&id=75023529

④ http://charls.pku.edu.cn/

y，简称 CHARLS)旨在收集一套代表中国 45 岁及以上中老年人家庭和个人的高质量微观数据，用以分析我国人口老龄化问题，推动老龄化问题的跨学科研究。CHALRS 的问卷设计参考了国际经验，包括美国健康与退休调查(HRS)、英国老年追踪调查(ELSA)以及欧洲的健康、老年与退休调查(SHARE)等。问卷内容包括：个人基本信息，家庭结构和经济支持，健康状况，体格测量，医疗服务利用和医疗保险，工作、退休和养老金、收入、消费、资产，以及社区基本情况等。CHARLS 全国基线调查于 2011 年开展，覆盖 150 个县级单位，450 个村级单位，约 1 万户家庭中的 1.7 万人。这些样本以后每两年追踪一次，调查结束一年后，数据将对学术界免费公开。

全球价值观问卷调查[1]

全球价值观问卷调查(The World Values Survey) 始于 1981 年，在世界各国用严谨的方法收集高质量的数据。它在近 100 个国家抽取有代表性的样本进行调查，研究总体覆盖全球近 90% 的人口。它是非商业、跨国家、跨时间的调查，样本规模接近 40 万人，调查对象涵盖了全世界最贫穷至最富有的国家，也包括世界上主要的文化区隔。

澳大利亚 HILDA 固定样本调查[2]

澳大利亚家庭，收入和劳动力市场动态追踪调查（The Household Income and Labour Dynamics in Australia，HILDA）是以家庭为单位的固定样本调查，从 2001 年起每年追踪访问超过 17000 名澳大利亚人，收集关于经济发展、个人幸福感、劳动力市场动态和家庭生活有关的重要变量。澳大利亚和海外的学者都可以申请获取和使用有关的调查数据。

美国综合社会调查[3]

美国芝加哥大学全国民意调查中心（NORC）执行的 GSS（General Social Survey）是一项历史悠久的大规模、长期进行的社会调查。自 1972 年开始，它每年在美国进行一次全国性调查，而 1994 年以后，改为两年调查一次。它帮助学者和政策制定者了解美国普罗大众的所思所想，涉及的议题包括对各机构的信任

---

[1] http://www.worldvaluessurvey.org/wvs.jsp

[2] https://melbourneinstitute.unimelb.edu.au/hilda

[3] http://gss.norc.org/

度、对犯罪和惩罚的态度、族群关系,等等。用户可以在 GSS 数据探索界面(GSS data explorer)上轻松地搜索和分析数据,你也可以把数据下载下来,用自己习惯的分析工具如(SPSS,R 等)来分析。

世界各国大规模的社会调查还有很多,如果你有兴趣进一步了解,可以搜索国际社会调查项目(international social surveys programme),它试图把世界上现存的各个大型社会调查项目集结起来,让我们得以从跨国家、跨文化的视角来审视各个国家的数据。我们刚才介绍的美国综合社会调查(GSS)就是它的成员之一。

延伸阅读

[1]Carrington P J. Applications of social network analysis[M]. London,UK:Sage,2014.

[2]Cherifi H. Complex networks and their applications[M]. Newcastle upon Tyne,UK:Cambridge Scholars Publishing,2014.

[3]Trzesniewski K H,Donnellan M,Lucas R E. Secondary data analysis:An introduction for psychologists[M]. Washington,DC:American Psychological Association,2011.

[4]刘德寰,李雪莲. 大数据的风险和现存问题[J]. 广告大观:理论版,2013(3):67-73.

关键词

大数据的 5V	产生价值(value)
数量级(volume)	社会网络分析(social network analysis)
速度(velocity)	
数据多样性(variety)	二手数据(second-hand data)
数据准确性(veracity)	

思考题

1. 访问任何一个发表用户评价内容(如商品评价、影评、食评,等等)的网站,针对这个网站回答以下问题:

   A. 这个网站是否提供了对用户评价信息进行的分析和总结?

   B. 这些总结是机器自动分析得出的么? 你是如何做出自己的推测的?

   C. 请从我们将"传统内容分析"和"大数据内容分析"进行比较的四个维度出

发,讨论用机器对该网站上的用户评价内容进行分析的利与弊。

2. 请找到一个门户/社交网站上的网上调查,结合本章以及我们在第 4 章关于抽样方法的讨论,评价这个样本的代表性。

3. 进入本章介绍的任何一个二手数据主页,认真浏览可用的变量后,提出一些可以通过这个数据来检验的研究假设,或者可以通过这个数据回答的研究问题。

延伸阅读和参考文献

[1]冯士雍,倪加勋,邹国华. 抽样调查理论与方法[M]. 北京:中国统计出版社,2012.

[2]柯惠新. 关于央视春晚满意度调查的两个版本之我见[J]. 现代传播,2011(3):131—134.

[3]柯惠新,沈浩. 调查研究中的统计分析法[M]. 北京:中国传媒大学出版社,2005.

[4]柯惠新,王锡苓,王宁. 传播研究方法[M]. 北京:中国传媒大学出版社,2010.

[5]刘德寰,李雪莲. 大数据的风险和现存问题[J]. 广告大观:理论版,2013(3):67—73.

[6]Bond R M, Rariss C J, Jones J J, Kramer A D, Marlow C, Settle J E, Fowler J H. A 61-million-person experiment in social influence and political mobilization[J]. Nature, 2012, 489:295—298.

[7]Booth-Butterfield S, Booth-Butterfield M. Individual differences in the communication of humorous messages[J]. Southern Communication Journal, 1991, 56:205—218.

[8]Brown J D, Zhao, X S, Wang N, Liu Q, Lu A S, Li L J, Ortiz R R, Liao, S Q, Zhang, G L. Love is all you need: A content analysis of romantic scenes in Chinese entertainment television[J]. Asian Journal of Communication, 2013, 23(3):229—247.

[9]Carrington P J. Applications of social network analysis[M]. London, UK: Sage, 2014.

[10]Cherifi H. Complex networks and their applications[M]. Newcastle upon Tyne, UK: Cambridge Scholars Publishing, 2014.

[11]Cohen J. Defining identification: A theoretical look at the identification of audiences with media characters[J]. Mass Communication & Society, 2001, 4(3):245—264.

［12］Crowne D P，Marlowe D. A new scale of social desirability independent of psychopathology［J］. Journal of Consulting Psychology，1960，24：349－354.

［13］Dneve K M，Cooper H. The happy personality：a meta-analysis of 137 personality traits and subjective well-being［J］. Psychological Bulletin，1998，124(2)，197－229.

［14］Denzin N K，Lincoln Y S. The Sage handbook of qualitative research［M］. 4th ed. Thousand Oaks，CA and London：Sage publications，2011.

［15］Diener E，Emmons R A，Larsen R J，Griffin S. The satisfaction with life scale［J］. Journal of Personality Assessment，1985，49：71－75.

［16］Frey L R，Botan C H，Kreps G L. Investigating communication：An introduction to research methods［M］. 2nd ed. Boston：Allyn and Bacon，2000.

［17］Friborg O，Martinussen M，Rosenvinge J H. Likert-based vs. semantic differential-based scorings of positive psychological constructs：A psychometric comparison of two versions of a scale measuring resilience［J］. Personality and Individual Differences，2006，40(5)：873－884.

［18］Gerbner G，Gross L P. Living with television：The violence profile［J］. Journal of Communication，1976，26(2)：172－199.

［19］Gould S J. The mis-measure of man［M］.New York：Norton & Company，1996.

［20］He J，Van De Vijver F J，Espinosa A D，Abubakar A，Dimitrova R，Adams B G，…Villieux A. Socially desirable responding enhancement and denial in 20 countries［J］. Cross-Cultural Research，2015，49(3)：227－249.

［21］Keppel G，Wickens T D. Design and Analysis. A Researcher's Handbook［M］. 4th ed. New Jersey：Pearson，2004.

［22］Kiousis S. Interactivity：a concept explication［J］. New Media & Society，2002，4(3)：355－383.

［23］Lang A. Measuring psychological responses to media messages［M］. New York：Routledge，2014.

［24］Lapinski M K，Rimal R N. An explication of social norms［J］. Communication Theory，2005，15(2)：127－147.

［25］Lee E J，Shin S Y. When the medium is the message：How transportability moderates the effects of politicians' Twitter communication［J］. Communication Research，2014，41 (8)：1088－1110.

[26]Lyubomirsky S，Lepper H S. A measure of subjective happiness：Preliminary reliability and construct validation[J]. Social Indicators Research，1999，46：137—155.

[27]Mayer-Schonberger V，Cukier K. Big data：A revolution that will transform how we live，work，and think[M]. Houghton Mifflin Harcourt，2013.

[28]Mccroskey J C，Teven J J. Goodwill：A reexamination of the construct and its measurement[J]. Communication Monographs，1999，66：90—103.

[29]Petty R E，Cacioppo J T，Goldman R. Personal involvement as a determinant of argument-based persuasion[J]. Journal of Personality and Social Psychology，1981，241(5)：847—855.

[30]Schwarz N，Clore G L. Mood，misattribution，and judgments of well-being：Informative and directive functions of affective states[J]. Journal of Personality and Social Psychology，1983，45(3)：513—523.

[31]Shrum L J. The implications of survey method for measuring cultivation effects[J]. Human Communication Research，2007，33(1)：64—80.

[32]Singer E，Couper M P. (2014). The effect of question wording on attitudes toward prenatal testing and abortion[J]. Public Opinion Quarterly，2014，78(3)：751—760.

[33]Squire P. Why the 1936 Literary Digest poll failed[J]. Public Opinion Quarterly，1988，52(1)：125—133.

[34]Stanovich K E. How to think straight about psychology[M]. 10th ed. Boston：Pearson，2013.

[35]Trzesniewski K H，Donnellan M，Lucas R E. (2011). Secondary data analysis：An introduction for psychologists[M]. Washington，DC：American Psychological Association，2011.

[36]Wimmer R D，Dominick J R. Mass media research：An introduction[M]. 10th ed. Belmont，CA：Wadsworth Thomson Learning，2014.